甜 点（西点教室）

Dessert Class

主编 ◎ 王森

青岛出版社
QINGDAO PUBLISHING HOUSE

图书在版编目（CIP）数据

甜点 / 王森主编. — 青岛：青岛出版社，2018.4

（西点教室）

ISBN 978-7-5552-6921-2

Ⅰ. ①甜… Ⅱ. ①王… Ⅲ. ①甜食—制作 Ⅳ. ①TS972.134

中国版本图书馆CIP数据核字(2018)第070253号

甜点（西点教室）

组织编写	美食生活工作室
主　　编	王　森
参编人员	张婷婷　周建强　成　圳　顾碧清　韩　磊　王启路　朋福东
	尹长英　杨　玲　武　磊　苏　园　乔金波　武　文　孙安廷
	韩俊堂　栾绮伟　沈　聪　孟　岩　向邓一
摄　　影	刘力畅　葛秋成
出版发行	青岛出版社
社　　址	青岛市海尔路182号（266061）
本社网址	http://www.qdpub.com
邮购电话	13335059110　0532-85814750（传真）　0532-68068026
策划组稿	周鸿媛
责任编辑	肖　雷
装帧设计	丁文娟　周　伟　葛兴一　叶德永
印　　刷	青岛海蓝印刷有限责任公司
出版日期	2018年5月第1版　2018年5月第1次印刷
开　　本	16开（710毫米×1010毫米）
印　　张	20
字　　数	200千
图　　数	1691幅
印　　数	1-5000
书　　号	ISBN 978-7-5552-6921-2
定　　价	88.00元

编校印装质量、盗版监督服务电话　4006532017　0532-68068638

本书建议陈列类别：生活类　美食类

序

甜点在每个人的心里的样子可能大不相同，可以是方的，也可以是圆的，可以是有规则的，也可以是天马行空的。它随着你的想象千变万化，不单单是样子，也包括它的口味，酸的、甜的、苦的、咸的，任意搭配、随意组合。或许你爱上它，是一次味蕾的肆意狂欢，但你沉迷它，可能是因为这一本甜点全书。

本书为大家带来了各式甜点制作，从易到难，从简到繁，从细微处拆解甜点的组成部分，配上细致图片，让大家轻松掌握每一个精致细节。主要基础大类有装饰件、果酱、布丁、奶冻、糖果，升级组装有马卡龙、泡芙、塔派类、常温蛋糕、组合蛋糕，并涉及日式和果子，产品制作来自基础教案、名厨、米其林、世界甜点冠军、法国MOF等多层次多方面的老师教课内容，不出门带你认识世界名品、世界名师。

除了细致全面的实践内容，本书也为大家详细列举了甜点制作当中常用的工具和材料，涵盖面非常大，还包含了一些经典的甜点小故事、图例以及知识详解，相信会让大家更加了解甜点的。

美好的生活，需要用心去调剂。抽空翻一下它，在家里或者在店里，备上一些材料，跟随书本慢慢将甜意散播出来，舒心舒意。翻一篇配方，找寻书本带来的细节和灵感，提升技术，创新自己的产品，为自己创造更多的收益。无论哪一方面，相信都会给大家带来更好的帮助。

王森　本书主编

他被国家评为烘焙甜品教授，并享受国务院特殊津贴，被授予烘焙甜品大师称号，荣获国家一等功勋章。

他，被业界誉为圣手教父，弟子十万之众，残酷的魔鬼训练打造出世界级冠军。

他，是国内最高产的美食书作家，200多本美食书籍畅销国内外。

他，是跨界大咖，覆性的想象将绘画、舞蹈、美食完美结合的美食艺术家。

他被欧洲业界主流媒体称为中国的甜点魔术师，是首位加入Prosper Montagne美食俱乐部的中国人。

他联手300多位国际顶级名厨成立上海名厨交流中心，一直致力于推动行业赛事挖掘国内精英人才。

他就是亚洲咖啡西点杂志、王森美食文创研发中心创始人、王森国际烘焙咖啡西餐学院创始人——王森。

目录
CONTENTS

烘焙甜点必修课

精致小点

精美大作

烘焙甜点
必修课

这是一堂必修课。只有掌握了一些必修的知识点，我们才能在接下来的制作过程中游刃有余地运用各种工具及材料，才能制作出完美的点心。

第一节 趁手的工具

工欲善其事，必先利其器。制作甜点是一项较为精细的生产活动，需要使用很多专业工具。下面首先为大家介绍一些常用的工具。

1. 搅拌类工具

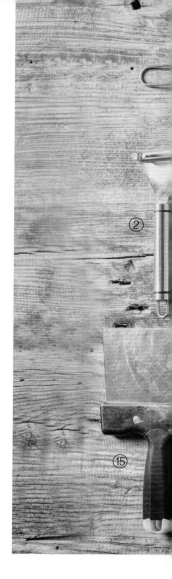

• 手持打蛋器

又叫手持搅拌球、蛋抽、打蛋器，在拌匀蛋液或者浆料的时候，使用起来比较快捷、方便。在选购时，选择质地偏硬，网丝之间的间距较密的搅拌球会比较好。

• 手持电动打蛋器

在打发少量的鸡蛋或者少量的淡奶油时，选择手持电动打蛋器比较好，有 3~7 个档位，可以调节转速。

• 厨师机

又称搅拌机，打发蛋白、打发全蛋、制作挞壳等工艺都会用到。厨师机的使用频率很高。厨师机的搅拌头有球形头、扇形头、"S"形等 3 种不同的种类。球形搅拌头网丝较多，多用于打发材料；扇形搅拌头网丝少，不容易打发材料，但混合材料很快，多用于膏状材料和黄油的打发、乳化；"S"搅拌头经常用于面包的制作。与厨师机配套的还有搅拌桶，容量为5~7升。

厨师机

• 毛刷

　　有大、中、小号之分。木柄羊毛的毛刷最适合用于制作烘焙产品，其柔软的特性适用于焙烤任何产品。

• 曲柄抹刀

　　因为手柄的前端呈"Z"形，所以叫曲柄抹刀。也叫"L"形抹刀。用于抹平浆料，或者挑起蛋糕、移动位置。前端不锈钢较厚的较好，不易弯曲，且不会晃动掉落。（右上图⑨）

毛刷

- **不锈钢勺**

  用来添加或者称量少量的材料，也可以用来品尝甜点，用的频率较高。

- **软皮刮铲**

  做和果子的时候使用，前端的橡皮部分比橡皮刮刀稍微硬一些，可以更好地铲掉底部的豆沙。

- **手持料理棒**

  用于搅打甘纳许或者其他浆料，使材料分子之间的结构充分地结合。

- **料理盆**

  搅拌、混合材料、打发材料时必不可少的工具，最好选用耐热且散热快的不锈钢制品。

- **木铲**

  用来翻炒或翻拌物料，也可在煮酱料时进行搅拌。

- **橡皮刮刀**

  用于搅拌材料。

- **网筛**

  将面粉过筛，使面粉颗粒之间进入空气。如果没有专用滤网，可以用网目细小的筛子代替。图片为网目较大的筛子。

- **抹刀**

  用于大面积涂抹奶油，抹刀有不同规格，根据需要选用不同大小型号。

不锈钢勺　　　　手持料理棒　　　　木铲　　　　软皮刮铲

网筛　　　　料理盆　　　　橡皮刮刀　　　　抹刀

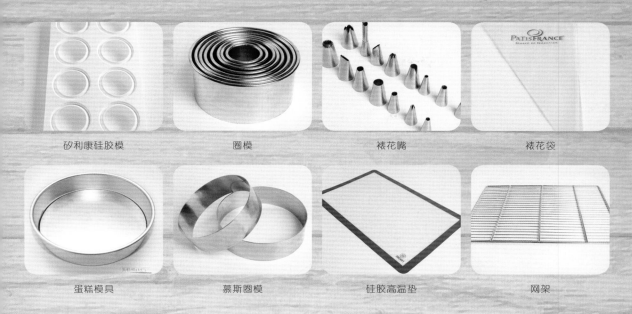

矽利康硅胶模　　　　圈模　　　　　　裱花嘴　　　　　　裱花袋

蛋糕模具　　　　　　慕斯圈模　　　　硅胶高温垫　　　　网架

2. 模具类工具

• 矽利康硅胶模

具有耐高温、耐冷冻的特点，可以在 -60℃ ~300℃的环境中正常使用。可根据自己想要的形状选购任意造型。成品也较易脱模。

• 圈模

一般有 12 个大小不一样的不锈钢圈，适用于饼干压膜、巧克力片的制作等等。可以根据所做产品的区别选择适合的。

• 裱花嘴

在制作甜品时，最常用的是圆花嘴、锯齿花嘴、直花嘴、圣托诺雷花嘴等，不同的花嘴可以根据不同的使用方式改变其造型。

• 裱花袋

挤馅料、面糊、浆料都非常方便，常和裱花嘴一起使用。

• 蛋糕模具

主要用于烘烤蛋糕。底部可拆，相当便利。

• 慕斯圈模

常用模具，其中 5 寸、6 寸、7 寸、8 寸这 4 种型号的较多，材质多是不锈钢。光滑的内壁使脱模之后的慕斯蛋糕体更光滑。

• 网架

将蛋糕、甜点放置在冷却网上，可以散去糕点中的水分和热气；另外，装饰蛋糕的时候有时也会用到网架。

• 硅胶高温垫

放在烤盘上使用，表面平整。其耐高温、不粘的特性非常适用于做拉糖。

• 烤盘

用于制作各种蛋糕、曲奇饼干和各类点心，是烘烤的必需品。

3. 切割类工具

- **西式主厨刀**

  又叫牛角刀，刀刃锋利，适用于切任何食材。

- **锯齿刀**

  在切面包或者蛋糕时用得较多，刀刃是锯齿状。用的时候要来回抽送，充分发挥它的作用。

削皮刀

用来给苹果、梨子去皮，使用起来方便快捷。

- **刨皮刀**

  主要用来刨橙皮或者柠檬皮，刨出来的碎屑适用于添加到蛋糕中，改变蛋糕的口味。

- **剪刀**

  大小规格都有，大的剪刀用于剪裱花袋、塑料纸等物品都非常方便。

剪刀

4. 其他类工具

• 温度计

一般采用摄氏度温度计，用来测量糖浆或者浆料的温度。在选择购买时，最好选择针式温度计，并且要亲自试验温度计的准确度，避免因产品质量问题影响判断。温度计在使用时，针头一定不要挨着锅底，不然你测量出来的温度就是锅底的温度，而不是你所加热材料的温度。

温度计

• 滴壶

整体呈倒三角状，上面有一个按压的装置，连接着下面的漏孔。主要适用于比较稀的浆料，因为下面的漏孔比较小，太厚的浆料，漏不下去。

滴壶

• 叉子

不锈钢材质的最好，在制作挞、派的时候，可以用来扎孔。

叉子

• 熬糖锅

也叫厚底锅，因为底部比较厚，在熬糖的时候不容易煳底。

• 油纸

表面光滑、摸起来就像油脂一样细腻，在擀制挞皮时可以防粘，垫入蛋糕模中，可以防止蛋糕面糊粘模。

熬糖锅

• 塑料纸

可以根据所需形状来进行裁剪，用来制作巧克力配件最为方便。也可以裁剪下来，放进慕斯圈模中，可以更好地脱模。

• 瓦斯炉

用于加热铜锅，瓦斯炉加热的火力比较均匀，比电磁炉更好用。

• 纱布

做和果子的时候使用，蒸果子的时候垫在下面，可以防粘。可以利用防粘的特性制作出一些造型。

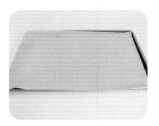

油纸

· 蒸锅

主要用于和果子的制作，也可以用于蒸一些面食类产品。

· 量杯

将量杯水平放置，可以量出所需液体。用来倾倒淋面也比较方便。

· 电子称

准确称量材料的分量，精确度根据产品设置有所不同。

· 三角棒

前端有一个凹进去的圆，可以利用这个圆制作果子的纹路，边上的 3 个棱角也可以用来按压果子的纹路。主要制作果子的装饰。

· 擀面杖

用作擀面团，太长的不方便使用，一般来说，30 至 40 厘米最佳。

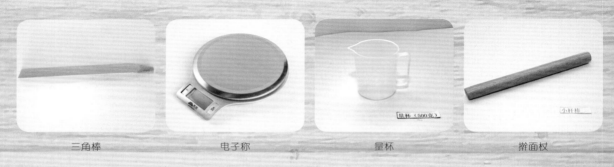

三角棒　　　　　　　　电子称　　　　　　　　量杯　　　　　　　　擀面杖

第二节 常用的材料

烘焙甜点使用的材料比较多。在实际的操作实践中，不但要将这些材料尽量备齐，而且要熟悉这些材料的使用范围和性质，这样才能得心应手。

1. 常用粉

• 面粉

面粉有高筋、中筋、低筋面粉之分，一般高筋面粉的蛋白质含量在 11.5%~13.5% 之间，中筋面粉的蛋白质含量在 8.5%~10.5% 之间，低筋面粉的蛋白质含量在 6.5%~8.5% 之间。其中低筋面粉最适合做蛋糕，因为其韧性较弱，能使蛋糕的口感更为松软。

泡打粉

• 泡打粉

泡打粉又称为泡大粉，在苏打粉中添加硫酸铝钠、酸乳钙、钛酸钙等，加玉米淀粉调配而成，是一种化学合成的膨大剂。在蛋糕中的用量在 2%~4% 之间，经过高温的烘烤，会释放二氧化碳，达到膨大的效果。

抹茶粉

• 抹茶粉

其中日本京都所产的宇治抹茶口感最佳。当地昼夜温差达到 20℃ 左右，所产的茶叶品质上乘，再经过一系列的精加工，造就了极佳的口感。因为是天然无添加的，还具有一种清香味道，深受人们的喜爱。

蛋白粉

• 蛋白粉 / 干燥蛋白粉

和保健品中的蛋白粉不一样，保健品中的蛋白粉一般来源于大豆；烘焙用的蛋白粉是由蛋加工出来的，也称为蛋清粉。在打发蛋白的时候添加进去，可以使蛋白充分发泡，并增强蛋白稳定性。

• 苏打粉

在常温下不会发生反应，一旦超过 50℃，就会释放二氧化碳并产生碱味，通常用来调节配方中的酸碱度。用苏打粉做出来的蛋糕，内部气孔会比用泡打粉做出来的蛋糕大。

• 玉米淀粉

白色粉末状，其特性是不粘黏，吸湿性特别强。加在蛋糕中可以改善蛋糕的筋度，但过量的添加会使蛋糕不易成型。

玉米淀粉

• 米粉

米粉中含有蛋白质和细胞壁颗粒，能折回散射光线，所以米粉完全不透光。米粉不含有面筋，靠其中的淀粉来黏合。因此，米粉做出来的蛋糕，完全没有面筋，吃起来也会比面粉做的蛋糕更为柔软。

卡仕达粉

• 卡仕达粉

又称吉士粉，粉末状，呈浅黄色或橙黄色，具有浓郁的奶香味和果香味，具有一定的稳定性。由奶粉、淀粉和填充剂组合而成。主要用来制作一些馅料，或者卡仕达奶油。

竹炭粉

• 竹炭粉

选用三年以上的竹子经过上千摄氏度的高温烧制而成，纯黑色粉末状，质地轻盈，上色能力极强。

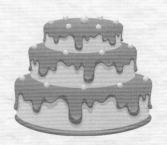

2. 糖

　　糖在西点中是必不可少的材料，从甜菜和甘蔗中抽取出来，再经过加工制成砂糖、赤砂糖、幼砂糖、葡萄糖浆、转化糖浆、绵白糖等，不同品牌和不同种类的糖所产生的甜度也有高低之分，不同状态的糖所产生的效果也不一样。

　　糖在甜点中所产生的作用：

　　1. 增加甜香味。这是糖本身自带的味道，产品不同，甜度不同。

　　2. 保湿及防腐。糖是纯天然的防腐剂，它会吸收食物内部及外界的水分，致使食物内部水分活度下降，让微生物的生长和繁殖缺少必需品，减少繁殖量。

　　3. 上色。糖经过高温之后，会产生焦化反应，产生金黄色的色泽。

　　4. 给予食物热量。糖本身就是高热量的产物，添加入食物中，能给食用者增加能量。

• 金黄幼砂糖 / 赤砂糖

　　颗粒较细，含有少量的水，看起来会有一点绵糖的质感，口感略微湿润一些。以甘蔗为原料，经过加工而成。色泽均匀柔亮，用起来比红糖更加稳定。

赤砂糖

• 砂糖 / 白砂糖

　　以甘蔗、甜菜或原糖为原料，通过榨汁、过滤、除杂、澄清（以上步骤原糖不需要）、真空浓缩煮晶、脱蜜、洗糖、干燥后得到。砂糖结晶颗粒较大，味道清爽，不仅可以给材料增添甜味，还能够使材料变得蓬松柔软、润滑光亮，使食物保存得更加长久。

白砂糖

• 冰糖

　　有单晶冰糖和多晶冰糖之分，在甜点中通常使用单晶冰糖。单晶冰糖是由砂糖加入适量的蛋白质原料，再经过溶解、结晶处理制成大颗粒冰块状结晶。多晶冰糖多呈现透明或半透明状。

冰糖

• 糖粉

　　颜色雪白，颗粒非常细。一般糖粉中含有 3%~10% 的淀粉混合物，可以帮助糖粉防潮、防结粒。与其他材料混合打发时，更易与空气结合，做成的产品经过烘烤后，组织非常细腻，且口感轻盈。

糖粉

方糖　　　　　　　　葡萄糖浆　　　　　　　转化糖浆　　　　　　　蜂蜜

• 海藻糖

其甜度只有白砂糖的 45% 左右。添加到食品中，可以降低西点在口中的甜度，并且有助于降低产品脂肪含量。

• 香草糖

有香草风味的糖粉或者糖粒。其中会掺杂少许香草籽，致使产品有些许黑色点点，不影响使用。可以自制：将刮过籽的香草荚放置在砂糖或者糖粉中，密封一段时间，让糖体吸收香草的味道即可。

• 幼砂糖

相比较白砂糖，幼砂糖更细、杂质更少、溶解速度更快、纯度更高。它是常用的西点材料，水含量比白砂糖稍微多一点。

• 方糖

又称为半方糖，是用细晶粒精制砂糖为原料压制而成的高级糖产品，在国外已有多年的历史。

• 葡萄糖浆

湿性糖的一种，半流体状，非常黏稠，其甜度是白砂糖的 74%。用在甜点中可以增加产品的湿度和柔软度，并降低甜度。

• 转化糖浆

由砂糖加水溶解，与稀酸加热并转化的液体糖。砂糖加热后，会分解成等量的葡萄糖及果糖，性质与原来不同。用在甜点中，可以增加产品的湿度和柔软度，与葡萄糖浆不同的是，转化糖浆不会降低甜度。

• 水麦芽

与麦芽糖不同，麦芽糖是从麦芽中提炼出来的，呈黄褐色。水麦芽是由淀粉提炼转化而成，像葡糖糖浆一样透明，如麦芽糖一样黏稠。用水麦芽做出的糖果晶莹剔透。

• 艾素糖

颗粒比较大，有着与糖粉一样的纯白色，是制作糖艺的优质原料。不吸湿，熬糖色泽较好。普通的白砂糖熬煮到 170℃ 会开始焦化，而这个温度的艾素糖还是晶莹透亮的状态。

• 蜂蜜

蜜蜂采摘花蜜而制成的一种湿性糖，纯天然制品。因为蜜蜂在不同的地区采摘不同花朵的花蜜，所产的蜂蜜风味也不相同。其水分含量比较大，防腐作用不及白砂糖。其天然的特性和独特的风味，备受人们的喜爱。

• 上白糖 / 绵白糖

绵白糖的质地绵软、细腻、颗粒细小，在生产过程中喷入 2.5% 左右的转化糖浆，所以甜度也要比砂糖高。

• 右旋葡萄糖粉

葡萄糖粉有左旋和右旋两种，其中左旋葡萄糖粉不能为人体所代谢。右旋葡萄糖粉的甜度为白砂糖的74%。加入到产品中可以改善口感，也使汲取水分的特性更为显著，使产品能长期保持松软，保质期也更长。

3. 油脂

• 榛子油

采用榛子为原料，经过烘干后压榨得到。呈现出很自然的淡金色，夹带着榛子的香味。在低温环境下，香味不易闻到，经过加热之后，香气就会散发出来。国内多为法国进口。

• 黄油

又被称为奶油，从动物脂肪中提取。添加在蛋糕中可以增加产品的营养价值，使产品的质地更加松软、嫩滑，还能使体积膨大、延长产品的保质期、增加蛋糕的香味。一般分为有盐黄油、无盐黄油、无水黄油等多个种类。

• 澄清黄油

颜色与烤熟的榛子仁颜色类似，在法国常被称为榛子黄油。黄油经过直火加热，水分完全蒸发。牛奶固体物沉在底部，因为高温的原因，颜色开始慢慢变深呈棕色，再用很细的纱布或者厨房用纸进行过滤。澄清黄油在制作的时候会蒸发掉 1/4 的水分，所以在制作的时候要多准备一些黄油。可以冷藏保存数月，冷冻可以长期保存。

• 橄榄油

采用新鲜优质橄榄果经冷榨加工而成，油体透亮，呈黄绿、蓝绿色。在西方又有着"液体黄金"的美誉，是迄今为止发现的最适合人类食用的健康油脂。

• 色拉油

又称为沙拉油。色泽金黄，有良好的融合性，可以更快地和材料混合均匀，能为蛋糕带来更多营养价值，使产品更为柔软、细嫩，能延长产品的保质期，增加蛋糕的香味。

• 发酵黄油

发酵黄油和普通黄油在外观上没有太大的区别。主要体现在风味上，发酵黄油有一股发酵后的酸香，它是先将淡奶油发酵之后再提炼，普通黄油是直接提炼出来的。

橄榄油　　　　　　　　黄油

奶粉

炼乳

牛奶

奶油奶酪

马斯卡邦尼

淡奶油

4. 奶制品

• 奶粉

乳黄色粉末状。同牛奶一样，用在蛋糕中可以增加营养。因为奶粉是经牛奶浓缩得到的干性材料，同等重量下味道比牛奶更浓郁，在调节配方稀稠度时使用。

• 炼乳

炼乳依据是否加糖可分为含糖炼乳和无糖炼乳，都是由鲜牛奶浓缩而成。在制作甜点的时候，可根据甜度的高低来进行选择使用。使用炼乳可以使甜点中的奶香味更加浓郁，风味更佳。

• 牛奶

牛奶具有很高的营养价值，添加到西点当中可以提升营养价值和品质；调整面糊或者浆料的稀稠度；增加蛋糕中的水分；使蛋糕的组织更为细腻。其中脱脂和未脱脂指的是牛奶中的乳脂含量。一般全脂牛奶的脂肪含量约3.0%，半脱脂奶的脂肪含量约1.5%，全脱脂奶的脂肪含量约0.5%。

• 奶油奶酪

常温下固态的乳制品，经加热之后会转化成膏状。其色泽乳白，质地细腻，闻起来有微微发酵的味道。在使用前要提前半天从冰箱中取出软化，使用时将温度调至17~23℃之间，便于操作。

• 马斯卡彭奶酪 / 马斯卡邦尼

以新鲜牛奶为原料，经过发酵、凝集、浓缩制成。乳白色的膏状，与发酵酸奶相似。有着略微的甜味和浓郁的奶香。

• 淡奶油 / 打发淡奶油

又称为动物脂鲜奶油，从动物体内提炼加工制成。根据制作产品的需求，打发至一定程度使用，在未打发之前一定要放在2~7℃冷藏柜内24小时以上。打发前的温度高于7℃就会影响稳定性和打发量。低于2℃，就会造成油脂分离的现象，回温也不能回到原来的状态。淡奶油中不含糖，如直接食用，要添加适量的糖进行调节。淡奶油不可以冷冻。在做慕斯时，打发奶油至湿性发泡最佳，这样可以保证冷冻后慕斯的柔软度。

5. 常用坚果类衍生产品

• 可可粉
由可可豆经加工制成，可可粉的颜色、风味由可可豆焙烤的程度和种类所决定。在使用之前要过筛，以免结块。较好的可可粉呈现深棕褐色，香味浓郁。要放在阴凉干燥处保存，避免结块。

可可粉

• 可可膏
可可液块加可可脂等调和而成，可可含量是 100%，很苦很香，带点可可豆的天然酸味。主要用于低糖分的巧克力产品。

• 可可酱砖
巧克力原料中的一部分，因为其中不含糖，所以吃起来带有苦味。

可可脂

• 栗子泥
棕灰色固体。熟栗子打成泥，加入一定比例的糖和盐等，混合制成。使用起来方便，是制作蒙布朗蛋糕的首选。

• 杏仁粉
杏仁经烘干之后，碾磨成粉，呈乳黄色。不同品牌的杏仁粉，水含量、油脂含量和颗粒的大小都不相同。添加到蛋糕中，改善蛋糕口感，增加营养价值。

栗子馅

• 扁桃仁粉
与杏仁粉的加工方式和作用相同，口感上也没有太大的差异。二者可以替换。

• 白豆沙
白芸豆煮制之后，加上糖等其他调和物调和而成。主要用于和果子和其他蛋糕的夹馅。

杏仁粉

• 红豆沙

与白豆沙的制作工艺相似，原料上选用的是红豆，在烘焙商店和大型的超市都有售卖，买回来的豆沙馅会有点稀，可以再放进锅中进行熬煮，蒸发掉水再使用。

• 杏仁酱

整体黄褐色，膏状。营养价值比花生酱更高。用在甜点中，可以使甜点具有杏仁的香味，相比杏仁粉来说，口感会更加细腻。

• 榛子酱

分为原味榛子酱和调味榛子酱两种。原味榛子酱是榛子直接压榨而成。调味榛子酱在原味榛子酱的基础上，添加了糖和巧克力等其他添加物，如：巧克力榛果酱、甜味榛果酱。

• 椰蓉

由椰子的果肉加工而成，纯白色。可以添加入蛋糕中，增加风味，还可以作为装饰。

• 培煎椰蓉 / 核桃

将椰蓉 / 核桃直火煎一下，蒸发掉其中的水。可以用作装饰，也可以用来制作饼底。

• 开心果酱

开心果具有祛压降脂、明目、减肥、抗衰老等功效，本身的色彩也是天然的着色剂，可以改变甜点的口味和颜色。

• 椰子粉

一般选用的是菲律宾进口，来自于新鲜椰肉。但是每个品牌的含水量不一样，所以用量要做适度调整。

• 糖渍橙粒 / 糖渍橙皮

主要用于改善蛋糕的口味、装饰蛋糕。在原材料供应商或者是大型超市里一般都能买到。

• 榛果仁 / 榛子

榛子树是坚果树种之一。成熟的果子有点像栗子，都有一层黄褐色的外壳，椭圆形。一般使用的都是已经去皮干燥过的，在使用前只需要将其中的水烘干即可。

扁桃仁粉

白豆沙

榛子酱

椰蓉

核桃仁

开心果

榛子仁

榛子粉

糖渍栗子

扁桃仁酱

伯爵茶

浓缩咖啡液

• 榛果粉 / 榛子粉

榛子碾磨成的粉，其中也会掺杂着一些其他的粉类材料，在甜点中主要用于改善蛋糕的口味。

• 糖渍栗子

本书中选用的糖渍栗子大部分都来自于法国。不同种类的栗子罐头，甜度是不一样的，因此在选购的时候，要仔细看上面的标签。原味栗子罐头是一种去过皮泡在水中的栗子，因为罐子是密封并保持真空的，所以能最大限度保持新鲜，并且使用起来很方便，不需要再剥壳加工。

• 可可豆碎

焙烤过的可可豆碾成豆碎即可。

• 扁桃仁膏

浅黄色，常温下是固体，在使用之前要先将其打软，再进行使用。

• 杏仁膏

与扁桃仁膏相似，只是二者在原材料的选用上及制作工艺上有所不同。

• 扁桃仁酱

扁桃仁的含量在 60% 以上的最好，另外也会有其他坚果的成分加入，比如杏仁、榛子。一般在甜点中用于馅料或夹层。

• 焦糖扁桃仁酱

和扁桃仁酱一样，只是在制作中添加了焦糖，造就了它独特的焦糖风味。

• 夏威夷坚果粉

夏威夷果碾磨成的粉，因为在碾磨的时候会出油，所以会适当地添加一些淀粉。主要是添加到一些饼底中，改善饼底的风味。

• 香蕉浆

由香蕉加工提炼而成的一种浓浆，一般在饮品店中会经常见到，添加到甜点中也起到了增加香蕉口味的作用。

• 伯爵茶浆

浓缩过的伯爵茶，味道更加的浓郁，在配方中加入少量就可以使产品具有伯爵茶的风味。

• 浓缩咖啡液

由咖啡豆直接提炼而成，风味纯正浓郁。超浓缩，根据自己所需的风味酌情添加。用在甜点中，增加咖啡的香味，突出主题风味。

6. 香料

• 顿加豆
　　一种约1元硬币大小的豆荚，经过烘干之后，呈棕黑色。其香味浓郁、风味独特。在使用的时候，只需要用刀轻轻地刮下其表皮少量的碎屑使用即可。

• 肉豆蔻
　　一种香料，味道浓烈，主要生长在热带地区，具有很高的药用价值。在甜点中使用，可以令甜点具有独特的风味。

• 香草籽酱
　　具有流动性的液体，由香草荚经加工之后所得，整体的颜色呈深褐色，在甜点制作中，可直接加进去使用，在保存时，内部的香草籽会沉到底部，所以在使用前要摇一摇。

• 马鞭草
　　一种食用香料，略带一点点的苦味，添加在甜点中，做香料使用。

• 香草荚
　　生长在热带地区的香料，香味柔和，深受人们喜爱。其中波旁、马达加斯加、大溪地所产的籽荚饱满，体积也比其他地区的要大。不同地域所产的香草荚香味浓郁度不一样，所以在使用时，没有办法定具体的量，视情况可以适当地增加或减少。

• 罗勒叶
　　香料，混在食材中味道独特，能去除腥气，在甜点中可以增加风味。

• 藏红花
　　主要生在在欧洲、地中海及中亚等地。因为是从西藏传入国内，所以称之藏红花。其药用价值较高，用在甜点中可以增加营养价值与风味。

• 伯爵红茶
　　一种调和茶的通称，以红茶为茶基，用芳香类水果外皮中提炼出的油加以调制而得，具有特殊香气与口味。用在甜点中，可以改变风味。

顿加豆

肉豆蔻

香草荚

马鞭草

• 牙买加胡椒

主要生长在牙买加、古巴等南美洲国家，其烘干后产生类似丁香、胡椒、肉桂、肉豆蔻等多种混合香料的气味，用于甜点的调味。

• 玫瑰香精

从可食用玫瑰花中提取出的可食用精油。主要用于慕斯浆料的调味，因为是浓缩过的，只需要少量添加，就可以使甜品中充满花香的味道。

• 黑胡椒

果实在熟透之后呈现出黑红色，在表面会泛有油光。其种子味道辛辣，也常用于料理中。果实在晒干后，会成为直径5毫米的干果，我们用的就是这种干果。使用在甜点中要碾碎，可以增加味道。

• 肉桂粉

又称之为玉桂粉，是肉桂皮磨成的粉末，使用起来比较方便。保存的时候要注意防潮，以免结块。

• 桂皮

肉桂树的干树皮卷成圆筒形再经过加工而得，用于食品香料或烹饪调料，通常在中式菜肴中会很常见，可以去除肉类食物的荤腥并带来香料的味道。添加在甜点中，要用工具磨成粉，或者煮过之后取汁，再进行使用。能赋予甜点一种独特的风味。

• 肉桂

也被称为肉桂皮或者粗肉桂，与桂皮的味道相似，其用法和作用也相似，区别在于：肉桂厚，桂皮薄；肉桂色浅，桂皮色深；肉桂味浓，桂皮味淡；桂皮更适合做菜炖肉，肉桂更适合做西点。

• 八角

一种常绿灌木的果实，其味道与茴香有些相似。添加在甜点中，要用工具磨成粉，或者煮过之后取汁使用，能赋予甜点一种独特的风味。

玫瑰香精

黑胡椒

肉桂

• 食盐 / 细盐

日常生活中必不可少的调味品，在西点生产中，使用量为 1%~2%。适量的盐可以增加产品的口感。

食盐

• 海盐

在海洋中提取出的，其中含有的微量元素比食盐多，有大颗粒和细颗粒之分。我们在选用的时候最好选用细颗粒的，用起来会更方便。

• 盐之花

主要产自于布列塔尼，所产的海盐具有类似于紫罗兰的独特风味，最近几年成为极为流行的产品。

摩德纳香醋

• 摩德纳香醋

酸度大于或等于 6%，是一种调味醋，不可以直接饮用，可用水和蜂蜜做成调味饮品。

• 德宝洋槐蜂蜜

出产于奥地利，如果买不到，可以用其他品牌代替。

柠檬

• 柠檬

有青柠、黄柠之分，在甜点当中用的频率极高，其中的清香味浓郁，倍受人们喜爱。其中富含维生素 C 和维生素 P，能预防心血管疾病。

• 山梨糖醇

为白色晶体状粉末，具有良好的吸湿性，加入在产品中，可以保持新鲜柔软。有良好的防腐作用，可以增加糖果的保质期。

• 酒石酸溶液

来源于植物，是葡萄酒中最重要的一种有机酸，可以改善产品的酸度，带来更为丰富的口感。

8. 凝结胶

不同品牌、不同规格的凝结材料所具备的凝结度是不一样的，需要在使用时进行测试，根据不同的状态适当增加或减少用量。

• NH 果胶粉

从水果中提炼并加工，整体是粉末状，土黄色，添加在馅料中不会使馅料彻底凝固，只是会使馅料失去流动性。在使用时一定要与砂糖进行混合，再加入液体中，这样可以避免结块。一般用于夹层馅料的制作或者果馅的制作。

NH 果胶粉

• 琼脂

有粉末状、长条状，常温之下就可凝固，夹带着一点海腥气，在使用时要将其加热至 90℃ 以上，才能化开。

琼脂

• 吉利丁片

又称明胶片或鱼胶片，从动物的骨头（多为牛骨或鱼骨）提炼出来的胶质，略带一点腥味。主要成分为蛋白质，含量在 82% 以上。在使用时一定要提前放进冰水中泡软，捞出之后还要沥干水，这个过程需要 5~8 分钟。然后经过加热、化开与浆料充分融合，达到凝结的作用。

吉利丁片

• 吉利丁粉

又称明胶粉或鱼胶粉，同吉利丁片的来源相同。二者之间一个是粉末状，一个是片状。吉利丁粉在使用时要加入适当比例的冷水进行浸泡，根据不同的需求，再隔水加热化成液态或者泡好之后直接使用。

吉利丁粉

• X58 冷凝果胶

DGF 公司所生产的一款果胶粉。作用和用法与 NH 果胶粉相同。

X58 冷凝果胶

• 结兰胶

在蔗糖中提取出来，经过发酵等加工方式制成，可以使浆料变得更加浓稠、稳定。

• 果冻粉

果冻粉之中添加了少量的香料和鱼胶粉，可以使用吉利丁粉替换。

果冻粉

9. 酒

• 樱桃烧酒

一种具有樱桃风味的烧酒，如果在选购的时候买不到烧酒，用酒精度比较高的樱桃酒代替也是可以的。

• 樱桃白兰地

以樱桃为原料制成的白兰地，色泽金黄、澄清而又透明，有清新、爽悦的口感，酒精度大约是30°。

• 杏子酒

具有杏子风味的酒，直接加入到浆料中使用，用来调味。

• 金酒

透明状，闻起来很清香，口感香醇而又清爽，适合单饮，也可以与其他酒类调配成鸡尾酒饮用。添加到甜点中，提高甜点的风味。

• 白橙皮酒

又名白橙皮力娇酒，和金酒的作用一样。

• 柑曼怡

法国产的一种柑橘味的利口酒，同其他利口酒的作用一样，都是起到提味的作用。

• 咖啡力娇酒 / 咖啡利口酒

深褐色液体，酒精含量在20~30%之间，咖啡香味浓郁。

• 椰子力娇酒

在白朗姆酒中加入了椰子进行调配，酒液透明。味道没有原椰汁那么甜。

• 梨酒

选用新鲜梨、食用酒精、砂糖等其他材料进行调制而成。

• 白兰地

以水果为原材料，经发酵、蒸馏、贮藏后酿造而成，其色泽根据所用的原料不同也不一样，有透明的还有褐色的。不过，在甜点中起到的作用是相似的。

• 朗姆酒

又叫兰姆酒、蓝姆酒。以蔗糖为原料的一种蒸馏酒。提炼工艺与白兰地相似。原产地在古巴，偏褐色。很多甜点中都会用到此酒来改善口味。

• 食用酒精

浓度在95%以上，其挥发速度快。多用于将金粉或者银粉调成液态，利用挥发快的特性，给产品添上一层包衣，使其更加美观。

樱桃烧酒

白兰地

朗姆酒

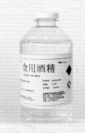
食用酒精

10. 其余装饰物

• 西米

由棕榈树类的核制成，起初是淀粉类制品，后经过加工再制成一粒一粒的颗粒。经过熬煮后，呈透明状。

- -

• 珍珠

由地瓜粉加工而成的圆形固体物，口感 Q 弹，在奶茶中经常见到它的身影。

- -

• 金箔 / 银箔

用做甜点装饰，提升甜点的档次。

• 黄油薄脆片

主要用于装饰甜点表面，与巧克力或焦糖混合可以做成基底等。

- -

• 镜面果胶

常温下是半固态，轻轻搅拌几下，就能成为液态。主要用于给产品提亮，可以涂在水果上，使水果不会氧化。用于淋面，可以调节淋面的凝结度，还可以增亮。

西米

珍珠

银箔

黄油薄脆片

第三节 常见馅料的基础知识

种类	基础奶油馅主要材料	衍生奶油馅常见的辅助材料	基础制作方法与适用范围	基本原理
香缇奶油	淡奶油、糖	香草、果酱、巧克力、吉利丁、巧克力酱、咖啡浓缩酱、马斯卡彭……	1. 淡奶油打发之后的产物叫打发淡奶油。 2. 在淡奶油中加入糖一起混合，再打发，是香缇奶油的基础，后期也可加入其他材料混合成其他口味。 适用：蛋糕的基础裱花；再添入一些其他口味的调节材料后，也可以充当蛋糕内部馅料使用。	通过搅打使淡奶油裹入气体
卡仕达奶油	牛奶、蛋黄、糖、低筋面粉、玉米淀粉（卡仕达粉）	低筋面粉、淡奶油、黄油、香草、全蛋、水果浓缩汁、水果果酱、吉利丁、可可粉、抹茶粉、咖啡粉、香料……	1. 将牛奶加热。 2. 将蛋黄和糖打发，混合粉类。 3. 将热牛奶与蛋黄混合物拌匀，再重新加热至沸腾即可。 适用：可用于蛋糕内部馅料；添加其他材料混合后，可根据状态选择用于蛋糕表面装饰。	1. 蛋黄中卵磷脂是天然的乳化剂，可以很好地融合水和脂肪。 2. 淀粉的糊化作用，可以使淀粉粒子吸收更多的水分，使卡仕达奶油变得浓稠。
杏仁奶油馅	黄油、糖、杏仁粉	蛋、淀粉、乳品、调味酒、果酱、香料、坚果粉、新鲜水果丁、香草、水果浓缩汁、可可粉、抹茶粉、咖啡粉、浓缩咖啡酱、抹茶酱、巧克力酱、炼乳……	1. 将黄油软化，与糖混合打发至发白。 2. 加入杏仁粉混合拌匀。 适用：加入其他材料混合，可以做成蛋糕内部馅料，或者顶部装饰。	将黄油打发，使内部裹入气体，使产品口感丰盈细腻。

种类	基础奶油馅主要材料	衍生奶油馅常见的辅助材料	基础制作方法与适用范围	基本原理
黄油奶油	蛋白、黄油、糖、水	香草、水果浓缩汁、坚果碎、浓缩咖啡酱、抹茶酱、巧克力酱、调味酒、炼乳……	1. 先把糖和水煮成糖浆。 2. 倒入打至四至五分发的蛋白中，制作意式蛋白霜。 3. 待意式蛋白霜冷却至室温后，分次加入切小块的黄油，一直搅打至光滑细腻的状态即可。 适用：用于类似裱花等蛋糕装饰或者内馅；添加液态的辅助材料，会使奶油变得柔软，无法达到裱花的需求，且会造成油水分离的现象，用于馅料；不宜使用粉类材料，容易出现颗粒。	1. 高温的糖浆可以使打发蛋白中的蛋白质网络凝结、固定。 2. 高温可以杀死蛋白中包括沙门细菌在内的各种有害物质。
英式奶油酱	牛奶、蛋黄、糖	香草、水果浓缩汁、吉利丁、浓缩咖啡酱、抹茶酱、巧克力酱、调味酒、抹茶粉、香料、咖啡粉、果酱……	1. 将牛奶煮至80℃左右。 2. 将蛋黄和糖混合搅拌均匀。 3. 将牛奶分次加入蛋黄混合物中，搅拌均匀，再混合加热至85℃即可。 适用：蛋糕内部的馅料，或者混合其他奶油制成馅料或装饰。	1. 超过83℃时，蛋黄中的细菌可以基本杀灭；超过85℃，蛋黄的凝结速度会迅速加快。 2. 纯正牛乳经过加热至76℃作用时，其内部的微量物质会产生更多的香味，且不会发生褐变反应。 3. 无粉类加入，无过长时间的加热，流动性较好。
甘纳许	巧克力、淡奶油	炼乳、调味酒、白巧克力、糖、果酱、吉利丁、坚果粉、新鲜水果丁、香草、水果浓缩汁、浓缩咖啡酱、抹茶酱、巧克力酱……	1. 将淡奶油加热至80℃左右。 2. 倒进巧克力中，静置约1分钟，再用手持料理棒拌匀即可。 适用：巧克力甘纳许适用于任何甜点中，包括杯子蛋糕、慕斯蛋糕、挞、派。	1. 高温物质与纯巧克力混合，容易造成巧克力内部分离。 2. 手持料理棒可以更好地帮助产品乳化且能减少气泡的产生。

种类	基础奶油馅主要材料	衍生奶油馅常见的辅助材料	基础制作方法与适用范围	基本原理
炸弹奶油/炸弹面糊 	蛋类产品、糖、水	炼乳、调味酒、果酱、打发淡奶油、巧克力、吉利丁、坚果粉、新鲜水果丁、香草、水果浓缩汁、浓缩咖啡酱、抹茶酱、巧克力酱……	1. 将蛋类产品倒进打蛋桶中打发。 2. 糖和水加热至120℃。 3. 沿着桶壁，将糖浆倒进正在打发的蛋类产品中，继续搅打至40℃左右即可。 适用：甜点中作内馅使用，可以和打发淡奶油或者是巧克力融合在一起使用，也可以加入适量的果酱、坚果碎进行调味。	1. 高温的糖浆可以固化蛋白质网络，并杀死细菌。

精致小点

小点就是要精致。这是内心最温柔的情意的
体现。在这方寸之间，我们辗转腾挪，只为
那最美好的一瞬。

布丁和奶冻

草莓布丁

材料

淡奶油	40 克
酸奶	18 克
幼砂糖	7 克
吉利丁片	4 克
草莓果蓉	100 克
低脂牛奶	40 克
草莓	适量

制作

1. 将淡奶油打发至湿性发泡备用；将吉利丁片放入冰水中泡软备用。

2. 将草莓果蓉与幼砂糖放入锅中，加热至60℃。

3. 离火，放入泡好的吉利丁片，开小火加热并用木铲搅拌至吉利丁片化开，停火。

4. 加入低脂牛奶和酸奶。

5. 略冷却后，倒入打发的淡奶油拌匀。

6. 倒入模具中，放入冰箱冷藏（0～7℃）3小时取出并脱模。在顶部装饰上草莓，即可食用。

石榴酸奶冻

覆盆子果酱	20 克
琼脂	2 克
水	80 克
幼砂糖	10 克
石榴汁	35 克
奶粉	10 克
炼乳	50 克
酸奶	35 克
牛奶	250 克
新鲜树莓	适量

1. 将琼脂放入水中浸泡成透明乳白色，备用。

2. 将泡好的琼脂、水和幼砂糖放入锅中，开中火搅拌至琼脂、幼砂糖完全化开，关火。

3. 加入覆盆子果酱拌匀。

4. 倒入杯子底部（约占杯身长度的 1/3），加入几粒新鲜树莓放入冰箱冷藏备用。

5. 将牛奶和奶粉放入锅中拌匀，开小火，加热至 40~45℃，离火，加入石榴汁拌匀。加入炼乳和酸奶，搅拌均匀。

6. 取出已冷藏好的覆盆子果冻，将步骤 5 的材料倒入杯中，放入酸奶机中定时 8 小时，做好后取出盖上盖子。放入冰箱中冷藏 5~7 小时，取出，在顶部放上新鲜树莓食用。

Tips（小提示）：
琼脂起到凝固的作用，也可以用吉利丁粉、果冻粉替代。

芒果布丁

> 布丁配方:

牛奶	80 克
椰奶	20 克
幼砂糖	20 克
吉利丁片	3 克
淡奶油	50 克
酸奶	20 克
芒果浓缩汁	60 克
水	40 克

> 椰子酱汁配方:

牛奶	25 克
椰奶	25 克

> 装饰:

西米	适量
芒果	适量
糖渍枸杞	适量

1. 将吉利丁片放入冰水（分量外）中泡软，备用。

2. 将牛奶和椰奶一起煮沸，离火，加入幼砂糖、泡软的吉利丁片，搅拌至化开。

3. 加入淡奶油，搅拌均匀后，隔冷水冷却降温。

4. 将芒果浓缩汁和水混合均匀，加入步骤3的材料中，再加入酸奶，继续搅拌均匀，即成芒果布丁坯。

5. 倒入玻璃杯，放进冰箱冷藏凝固约3小时。

6. 将酱汁配方中的椰奶与牛奶一起煮沸，冷却后即成椰子酱汁，倒在芒果布丁坯上，加入适量的西米和切成块状的芒果丁，最后铺上糖渍枸杞即可。

香草奶冻

材料

淡奶油	500 克
细砂糖	100 克
香草荚	1 根
吉利丁片	7 克
水果	适量

制作

1. 将吉利丁片泡软备用；将淡奶油倒入锅中，加入细砂糖，开小火加热搅拌至糖化开；用刀将香草荚破开，刮出香草籽和香草壳一起放入锅中，煮至沸腾后停火。

2. 取出香草棒。

3. 加入泡好的吉利丁片，搅拌至化开。

4. 倒入容器中，放入冰箱冷藏 1~2 小时，再用水果装饰即可食用。

芒果乳酪布丁

材料

酸奶	100 克
淡奶油	100 克
奶油奶酪	50 克
绵白糖	18 克
吉利丁片	4 克
芒果果泥	50 克

制作

1. 将酸奶与淡奶油放入锅中拌匀，加入泡软的吉利丁片，开中火加热，至吉利丁片完全化开，停火。

2. 将奶油奶酪与绵白糖一起打发至柔软状态。

3. 将步骤 2 的材料加入步骤 1 的材料中，搅拌均匀。

4. 加入芒果果泥拌匀。

5. 倒入模具中冷藏 5~7 小时。

6. 取出脱模，即可食用。

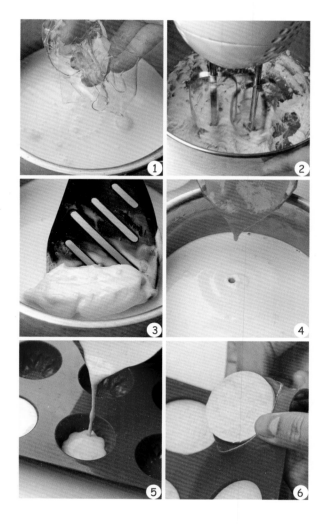

意式奶冻

材料		
淡奶油	350 克	
牛奶	150 克	
砂糖	60 克	
香草荚	1/2 根	
吉利丁片	15 克	

Tips:

1. 糖的分量可根据个人口味进行调整，调整范围为推荐用量的 10% 左右。

2. 可搭配酸味的果酱进行食用。

制作

1. 从香草荚中刨取香草籽，与牛奶、砂糖和香草荚一起放入熬糖锅内，煮至糖完全化开。

2. 过筛，保留香草籽。

3. 冷却至 60℃左右时，加入泡好的吉利丁片，化开拌匀。

4. 冷却至 40℃时，加入淡奶油混合均匀。隔冰水降温，使其变得浓稠。

5. 装入裱花袋，灌入容器中，放入冰箱冷藏至凝固后取出，装饰即可。

漂浮杏仁小圆饼卡仕达布丁

① 杏仁小圆饼

材料

杏仁粉	126 克
低筋面粉	25 克
砂糖	250 克
泡打粉	3 克
蛋黄	50 克

制作

1. 将杏仁粉过筛，与砂糖混合均匀。

2. 加入低筋面粉和泡打粉，混合搅拌均匀。

3. 加入蛋黄搅拌成团，放在室温下松弛 10 分钟左右。

4. 将面团分割成小块，每块 10 克左右。

5. 用手将每块搓圆，摆入烤盘，稍稍在表面按压一下。

6. 以上火 170℃、下火 150℃烘烤至上色后，再以上火 100℃、下火 100℃烘烤至内部变干即可。

II 布丁及装饰

> 布丁坯：

鸡蛋	2 个
蛋黄	2 个
幼砂糖	180 克
牛奶	250 克
鲜奶油	250 克
香草荚	1 根
杏仁小圆饼碎	80 克
水	适量

> 装饰：

草莓	适量
杏仁碎	适量
薄荷叶	适量

制作

1. 将鸡蛋、蛋黄和 100 克幼砂糖混合拌匀。

2. 将牛奶、鲜奶油和香草荚加热煮沸。

3. 将步骤 2 的材料倒入步骤 1 的材料中，搅拌均匀。过滤。

4. 将 80 克幼砂糖和水煮成焦糖酱，将大部分倒在模具底部，撒上杏仁小圆饼碎屑。

5. 在模具中倒入步骤 3 的材料。小圆饼碎屑会漂浮到表面。

6. 在烤盘中倒上水，放上模具，进炉以 140℃烘烤，烘烤 40 分钟。烤好后，冷却脱模切成块。

7. 装入盘子中，并在周围一圈挤上焦糖酱，放上草莓，撒上杏仁碎，装饰上薄荷叶即可。

浓缩咖啡帽子布丁

> 帽子布丁面糊配方：

化开的黑巧克力	10 克
牛奶	80 克
淡奶油	80 克
可可粉	16 克
鸡蛋	2 个
白砂糖	50 克
浓缩咖啡（泡好的）	70 克
杏仁小饼	20 克

> 焦糖酱配方：

白砂糖	56 克
水	28 克

> 装饰：

淡奶油	适量
杏仁小饼	适量

  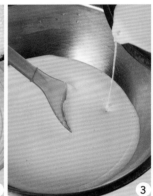

制作

1. 将淡奶油和牛奶隔水加热。

2. 将鸡蛋和 50 克白砂糖搅打至发白。

3. 将一半步骤 1 的材料加入步骤 2 的材料中，搅拌均匀。

4. 将另外一半步骤1的材料倒入化开的黑巧克力中搅拌均匀，再加入可可粉拌匀。

5. 将步骤3的材料倒入步骤4的材料中，搅拌均匀后，用筛子过滤。

6. 将杏仁小饼（做法参照"漂浮杏仁小圆饼卡士达布丁"）捏碎加入到步骤5的材料中，再加入浓缩咖啡。

7. 将28克水和56克白砂糖放入锅中，加热煮至褐色，成焦糖酱。

8. 将焦糖酱倒入小杯（耐烘烤）的底部，把步骤6的材料倒入杯中至一半高度。

9. 放到有水（分量外）的烤盘中，用150℃烘烤35分钟，出炉冷却。

10. 将适量淡奶油打发，挤在布丁表面，放上杏仁小饼装饰即可。

烧糖布丁

材料

淡奶油　　350 克
牛奶　　　150 克
砂糖　　　80 克
蛋黄　　　180 克
砂糖　　　适量

制作

1. 在蛋黄中加入砂糖，用打蛋器搅打至糖化。

2. 加入煮至 60℃左右的牛奶，混合均匀。

3. 加入淡奶油混合均匀后过筛，滤掉气泡和浮沫。

4. 装入裱花袋，挤入模具至八分满，放入烤箱，以 150℃隔水烘烤 50 分钟左右。

5. 出炉后，在表面适量地铺上一层砂糖，用火枪烧成焦糖色即可。

西西里产烤杏仁布丁

杏仁片	100 克	
牛奶	800 克	
白砂糖	200 克	
香草荚	1 根	
全蛋	3 个	
杏仁利口酒	适量	
手指饼干	8 片	
薄荷叶	适量	

材料

制作

1. 把杏仁片用机器打碎成粉，倒在锅中。

2. 加入牛奶、150 克白砂糖和香草荚，加热煮出香味。

3. 将步骤 2 的材料降温，加入全蛋、杏仁利口酒搅拌均匀。

4. 用网筛过滤掉杂质。

5. 将 50 克白砂糖倒入锅中，煮成焦糖状，大部分倒在模具底部，铺上一层手指饼干。

6. 将步骤 4 的材料倒在模具中，至能淹没手指饼干。

7. 用水浴法（即隔水）烘烤，以 170℃烘烤 25 分钟。

8. 出炉完全冷却后，把布丁切成块状，用剩余的焦糖液和薄荷叶进行装饰即可。

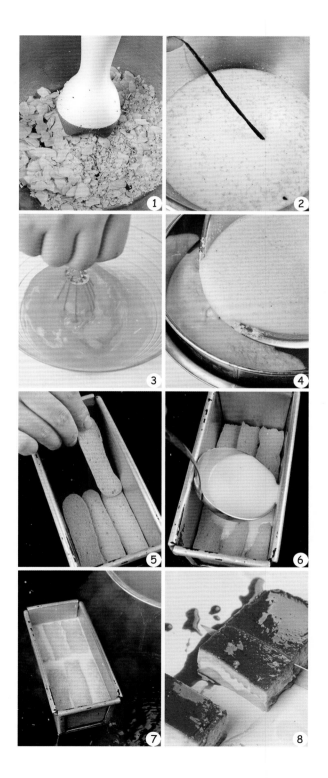

第二节

和果子

果子在我们看来只是植物结出的果实而已。但在日本，它并不是只有这一种含义，除了果实的含义以外，它还含有糕点的意思。

和果子的由来

在日本，果子分为两种：和果子、洋果子。和果子，从字面意思上理解，和果子中的"和"字指的是大和民族，指的是他们的传统糕点，如草饼、葛馒头、羊羹等。而洋果子中的洋指的就是西方国家，也就是西方国家的糕点，如蛋糕、甜品等。

根据历史的有效记载，唐代时期，日本使臣出访大唐，将茶带回了日本，深受贵族阶层的喜爱，将这个习惯升华为一种文化。这就是我们所知晓的日本茶道文化与之一起带回的还有糕饼技艺，所做出的糕饼，也深受贵族阶层的欢迎。日本的茶道喝的是极为浓郁的抹茶，入口带有苦涩，需要些甜的糕点来宽慰一下舌头，所以和果子就应运而成了。它含有的糖分可以抵消浓茶刮胃去油的功效，有养生的意义。因此，和果子和茶道发展成了一种紧密相连的关系。而茶道在学士辩论、贵族待客及皇室生活中颇为流行，所以和果子就有了许多风雅的名称，如"朝生""锦玉羹""月见团子"等。经过数千年的沉淀，和果子和茶道已经和日本的文化与民族精神深深地结合到了一起。

在日本的奈良时代，果子还只是裹上面粉之后再油炸的糖果子，多用于祭祀。经过大和文化的熏陶之后，创造出了别具一格的和果子。到了 16 世纪，又受到了西洋传教士带入的洋果子以及东南亚国家所带入的南蛮果子影响，发展出了更多的造型与口味。大约在明治维新之后，封建贵族武士主宰的时代已渐渐地拉下帷幕，精致的和果子不再是贵族、富绅、神社才能独享的美食，因此和果子慢慢走入了民间。到了江户时代，京都的"京都果子"和江户的"上果子"两个流派之间发生了每个行业内都会发生的激烈竞争，这两个流派的竞争，使和果子的制作工艺及口味得到大幅度的提升，为现代和果子奠定了坚实的基础。

最为经典的和果子品类有上百种。与洋果子不同的是，和果子选用各类米粉、豆沙以及植物的花和叶等精制而成。比如粉类中的白玉粉、上新粉、上用粉、道明寺粉等，豆沙中最为常用的红豆沙、芸豆沙、紫芋泥、栗子泥等，还有樱花树的花和叶都是极为常见的食材。而且和果子的形态也非常多，一般有团子、大福、羊羹、馒头、铜锣烧、鲷鱼烧等等。不同食材做出来不同造型的和果子，也有着不同的寓意。

和果子分类

和果子大体上可分为三大类，以成品的状态呈现时，用其中含有的水分来划分。

1. 生果子，又名主果子、上升果子或朝生果。其中的水含量是 30%~40%。由于水含量较大，保存期限较短，一般只能放两天，所以要趁鲜食用。生果子作为主果子，格外重视造型变化，因此成为人们送礼用的主要果子。

2. 干果子，水含量在 10% 以下，其中糖的含量比较高，可以长时间保存。

3. 半干果子，水含量介于第一类与第二类之间。

和果子的寓意

根据不同的分类，制出的果子有着独有的寓意。

1. 以日本的国花——樱花为主，许多和果子的造型与口味都取决于此。材料上也选用樱花花瓣或是盐渍樱花叶，寓意日本的文化与精神。

2. 不同的季节确定不同主题的果子。春天，万物复苏，以樱花、梅花为主题的果子较多；夏天，炎热难当，就有了水馒头、水羊羹等果子，来消除人们的燥热；秋天，硕果累累，果子中多会出现栗子、柿子等元素；冬季，万里冰封，这时让人心生暖意类的果子较多，其中薄皮带馅的馒头和大福就显得格外有分量。

3. 在馅料部分，多以红豆馅和白豆馅为主，偶尔也会见到抹茶馅、栗子馅等，有团圆红火之意。

菜菜时雨

ⓘ 面皮

材料

黄味火取馅	660 克
蛋黄	40 克
上新粉	13 克
膨胀剂	0.9 克

制作

1. 将上新粉和膨胀剂混合后放入黄味火取馅中，用手拌匀。
2. 加入蛋黄，拌匀成团。
3. 分割成块，每块 17 克，备用。

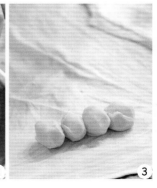

Ⅱ 中馅 抹茶馅

材料

白豆沙	500 克
水	300 毫升
幼砂糖	290 克
海藻糖	35 克
抹茶酱	12 克

制作

1. 将白豆沙和水放铜锅中煮至黏稠，加入幼砂糖、海藻糖和抹茶酱继续煮至黏稠，离火，晾凉，分成每个 17 克的小团子备用。

Ⅲ 点缀用馅料

材料

白豆沙	130 克
蛋白	50 克
海藻糖	19 克
抹茶酱	7 克
上新粉	12 克
上南粉	1 克

制作

1. 将蛋白打发，分次加入海藻糖，打至糖化发白。
2. 加入上新粉和上南粉拌匀。
3. 将白豆沙和蛋黄拌匀，加入抹茶酱，拌匀。
4. 分次将步骤 2 的材料加入步骤 3 的材料中，拌匀即可。

Ⅳ 组合

制作

1. 将抹茶馅包入分割好的面皮中。
2. 搓圆，摆放在蒸笼布上。在表面刷上点缀的馅料，放蒸锅蒸熟即可。

茶茶馒头

材料				
馒头混合粉	20 克		水	94 克
上白糖	102 克		蛋白	12 克
海藻糖	51 克		膨胀剂	6.8 克
糖液	34 克		低筋面粉	170 克
抹茶酱	34 克		> 中馅:	
抹茶浓缩萃取液	6 克		红豆沙	1100 克

Tips:

配方中的糖液由幼砂糖和水按 1:1 的比例
混合，再加热至沸腾制成。

1. 先将 1100 克红豆沙倒入铜锅中，加入适量的水（配方分量外，约 100 克），开大火煮，用木铲不停搅拌。

2. 煮至快焦时把火关小，直到豆沙馅呈尖峰状。

3. 用木铲将豆沙分成每个 27 克的小块，放木板上晾凉，再搓圆。

4. 将馒头混合粉、上白糖、海藻糖和糖液混合，分次加入水中，再加入蛋白，然后加入抹茶酱和抹茶浓缩萃取液，拌匀。

5. 将膨胀剂和低筋面粉混合过筛，加入步骤 4 的材料中，拌匀即可。

6. 每个分成 13 克。

7. 包入搓圆的豆沙馅。

8. 再搓圆，放锅上蒸熟即可。

葛馒头

● 水晶皮

材料

葛粉	90 克
水	450 克
幼砂糖	270 克

制作

1. 把葛粉倒入铜锅中，分次加入水，用手搅拌均匀。

2. 加入幼砂糖，将其搅拌溶解后开中火，煮至半熟状态（不要完全煮透明）。

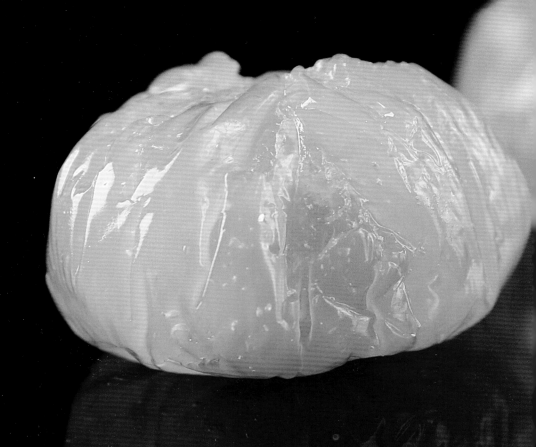

▌▌ 中馅 梅馅

材料

白豆沙	450 克
水	适量
梅子粉（过筛）	20 克
葡萄糖浆	20 克
粉色色素	适量

制作

1. 将白豆沙和水放入铜锅中煮至泥状，加入葡萄糖浆，可加入一滴粉色色素。
2. 加入梅子粉，拌匀，继续煮至更稠，然后用木铲分割成块，每块 15 克，放在木板上放凉。
3. 再搓圆。

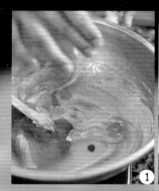

▌▌▌ 组合

制作

1. 将水晶皮分割成 30 克一个的小团子，稍稍摊开放在透明纸上，在中心处放上梅馅。
2. 将透明纸包裹起来，用皮筋包紧，放蒸锅上蒸 20 分钟。
3. 蒸熟后放入冰水中，迅速冷却。
4. 然后把透明纸拆掉即可。

核桃饼

白玉粉	300 克
水	400 克
幼砂糖	600 克
酱油	50 克
核桃碎	100 克
葡萄糖浆	100 克
黄豆粉	适量

制作

1. 将白玉粉倒入盆中，分次加入水拌匀，揉成团。

2. 分小块放热水煮至沸腾（每小块浮出水面）。

3. 取出，放入铜锅，用小火煮，可加少许水（配方分量以外），并用木铲搅拌至光滑状态，分次加入幼砂糖，拌匀。

4. 倒入酱油，拌匀。

5. 加入葡萄糖浆拌匀。

6. 加入烘烤过的核桃碎拌匀。

7. 倒入撒了一层黄豆粉的盘里，放入冰箱冷藏一会。

8. 从冰箱中取出，表面撒上黄豆粉，切成条，再切成小块。

9. 最后全部再裹上黄豆粉即可。

胡麻的粉球

中馅

材料

红豆沙	400 克
水	100 克

制作

1. 先将 400 克红豆沙倒入铜锅中，加入水，开大火煮，用木铲不停搅拌。
2. 煮至快焦时把火关小，直到豆沙馅呈尖峰状。
3. 用木铲将豆沙分成 9 克一个的小块，放木板上晾凉。
4. 再将每个小块搓圆。

II 组合

材料

黄油（无盐）	146 克
上白糖	56 克
海藻糖	23 克
食盐	1.5 克
白芝麻酱	30 克
黑芝麻酱	30 克
白豆沙	80 克
蛋液	88 克
白芝麻（炒过）	18 克
黑芝麻（炒过）	18 克
低筋面粉	200 克
炒过的麦粉	66 克
糖粉	适量

制作

1. 先把黄油放盆中搅软，加入上白糖和海藻糖，搅拌均匀，加入食盐，搅至有些发白。

2. 加入白芝麻酱和黑芝麻酱拌匀。

3. 加入白豆沙拌匀，再分次加入蛋液拌匀。

4. 加入炒过的白芝麻和黑芝麻拌匀，再加入低筋面粉和炒过的麦粉拌匀，放至 20 至 30 分钟。

5. 将面团分 18 克一个，包入豆沙馅，搓圆，放进上火 170℃、下火 160℃的烤箱中烘烤 25 分钟，出炉冷却后裹上糖粉即可。

剪菊

❘ 中馅

材料

红豆沙	400 克
水	100 克
葡萄糖浆	25 克

制作

1. 将红豆沙加水放铜锅中翻煮。
2. 加入葡萄糖浆煮到较硬状态，盛起分小块晾凉备用。

▣ 组合

材料

白豆沙	800 克
水	100 克
求肥	60 克
黄色色素	适量
橙色色素	适量

制作

1. 将白豆沙和水翻煮至较硬状态。

2. 加入求肥，继续煮至更硬，煮完后将其过筛。

3. 然后揉成团分小块冷却，表面干后混合一起揉成团，再分小块，重复 3 次左右，备用。

4. 将整体分成大小合适的块，用黄色色素和橙色色素分别调制均匀。用黄色部分包住橙色部分，搓圆后压平，然后包住豆沙馅。

5. 搓圆。

6. 用丝巾盖在上面，压出花心位置。

7. 然后用剪刀一层层往下剪，由小到大，剪 8 层即可。

8. 最后用黄色部分做出花心即可。

蕨饼

材料

I 中馅

红豆沙   600 克

制作

1. 先将 600 克红豆沙倒入铜锅中，加入 100 克左右的水，开大火煮，用木铲不停搅拌。

2. 煮至快焦时把火关小，直到豆沙馅呈尖峰状。

3. 用木铲将豆沙分成 30 克一个的小块，放木板上晾凉。

4. 将每个小块搓圆备用。

II 组合

材料

蕨粉	50 克
水	50 克
上白糖	150 克
热水	200 克
白油	适量
熟黄豆粉	适量

制作

1. 将蕨粉倒入盆中，加入水，拌匀。
2. 加入上白糖，使其充分混合。
3. 开火，煮至沸腾，加入热水，使其变成透明色，关火。
4. 在透明纸上抹一点白油，用木铲把步骤 3 的材料盛起放在上面散热至微热。
5. 取 10 克左右的蕨粉糊包入红豆沙馅，放在熟黄豆粉上。
6. 将熟黄豆粉过筛，用于表面装饰。

栗味馒头

｜ 外皮

料

白豆沙	200 克
熟蛋黄（水煮）	3 个
膨胀剂	4 克
上白糖	100 克
低筋面粉	60 克
饼粉	10 克
水	适量

制作

1. 将熟蛋黄碾碎过筛，用湿布压一下。

2. 加入白豆沙和蛋黄一起用湿布压匀，放入盆中。

3. 分次加入上白糖和过筛的膨胀剂，拌匀。

4. 加入过筛的低筋面粉和饼粉，拌匀，较干可喷一些水（不粘手即可），用湿布盖上备用。

Ⅱ 中馅

红豆沙	450 克
水	适量

制作

1. 先将 450 克红豆沙倒入铜锅中，加入 100 克左右的水，开大火煮，用木铲不停搅拌。

2. 煮至快焦时把火关小，直到豆沙馅呈尖峰状。

3. 用木铲将豆沙分成 18 克一个的小块，放木板上晾凉。

Ⅲ 光种

材料

低筋面粉	25 克
片栗粉	5 克
上白糖	8 克
味噌粉	1 克
糖渍栗子	13 个

制作

1. 把低筋面粉、片栗粉（可用土豆淀粉替代）、上白糖和味噌粉拌匀，倒在糖渍栗子中拌匀即可。

Ⅳ 组合

制作

1. 将外皮放在撒有手粉的油纸上，分成 17 克一个，搓圆。

2. 包上豆沙馅，再搓圆。

3. 在顶部放上光种，放在蒸锅上蒸 5 分钟即可。

芋金团

中馅

材料

红豆沙	400 克
水	适量

制作

1. 先将 400 克红豆沙倒入铜锅中，加入适量的水（约 100 克），开大火煮，用木铲不停搅拌。

2. 煮至快焦时把火关小，直到豆沙馅呈尖峰状。

3. 用木铲将豆沙分成 15 克一个，放木板上晾凉，再搓圆。

Ⅱ 组合

材料

红薯	300 克
白豆沙	270 克
蛋黄（生）	2 个
葡萄糖浆	40 克
黄油（无盐）	30 克
食盐	1 克

制作

1. 将红薯切片，泡水除去杂质，入锅蒸 30~40 分钟备用。

2. 在生蛋黄中拌入白豆沙，然后放在铺了纱布的蒸锅上蒸 15 分钟左右。

3. 将蒸好的红薯过筛，放在铜锅中，加入蒸好的步骤 2 的材料和葡萄糖浆，小火翻炒拌匀至变稠。

4. 加入黄油、食盐，拌匀即可。

5. 然后分 25 克一个晾凉。包入红豆沙馅，搓圆。

6. 包入打湿的湿巾中，拧出褶皱即可。

栗之幸

❶ 外皮

材料

红豆沙	1200 克
水	适量
栗子	适量

制作

1. 先将 1200 克红豆沙倒入铜锅中，加入 100 克左右的水，开大火煮，用木铲不停搅拌。

2. 煮至快焦时把火关小，直到豆沙馅呈尖峰状。

3. 用木铲将豆沙分成 31 克一个，放木板上晾凉，再搓圆。

材
料

蛋液	80 克
上白糖	120 克
黄油（无盐）	10 克
葡萄糖浆	30 克
苏打粉	2 克
寒天制剂	1.5 克
白芝麻（炒过）	10 克
低筋面粉	200 克

制
作

1. 将蛋液、上白糖、葡萄糖浆拌匀，隔水加热至将糖化开，再加入黄油，化开即可。

2. 将步骤 1 的材料过筛后冷却。

3. 用一点冷水将小苏打化开，倒入步骤2的材料中，加入寒天制剂（用其他凝胶粉代替也可）。

4. 再加入白芝麻拌匀。

5. 最后加入低筋面粉，拌匀。

6. 分成每个 11 克的小块，做成面皮，包入豆沙馅，搓圆。

7. 表面刷上蛋液，放上栗子，入烤箱，以上火 190℃、下火 160℃，烤 16 分钟即可。

铜锣烧

中馅

材料

红豆馅	900克
水	适量
葡萄糖浆	25克

制作

1. 先将红豆馅与水加入铜锅中煮至有黏性，但不要太黏稠。
2. 加入糖浆，使之更有黏性，煮完后倒出来晾凉备用。

①

②

Ⅱ 组合

材料

全蛋	260 克
上白糖	260 克
味醂	13 克
蜂蜜	26 克
水	80 克
苏打粉	1.6 克
低筋面粉	260 克
水（调节用）	40 克

制作

1. 将全蛋放入盆中拌匀，加入上白糖拌匀（不要打发）。

2. 加入味醂和蜂蜜拌匀。

3. 克的水和苏打粉拌匀。

4. 加入过筛的低筋面粉拌匀（无颗粒即可，根据稠稀度可以增加水），盖上湿毛巾静置 30~40 分钟。

5. 加热铜板，舀上一勺面糊放在铜板上，待面糊上有小气孔即可翻面。

6. 待底部煎熟后，即可拿起，两个一组放在一旁晾凉。

7. 最后将熬好的豆沙馅夹在两片中间即可。

马卡龙

马卡龙有一个特别的名称——"少女的酥胸"。

它精致、美味、闻名遐迩。大家或许以为这是一道法式甜点，因为"macaron"是法文，但它却是一种来自意大利的甜品。

相传在16世纪中叶，佛罗伦萨的贵族凯塞琳梅迪奇嫁给法国国王亨利二世。虽然贵为王后，但是却患上了严重的思乡病。于是，随王后而来的甜点师傅为她做出家乡的美食，以解王后的思乡之痛。渐渐地，这款意大利甜点就在法国本部蔓延开来，并成为法国甜点的经典代表。直至今日，在法国还流传着这样一句话：不会做马卡龙的甜点师傅，不是一个好的甜点师傅。当然，也存在另外一种广为流传的典故。相传，在早期的时候，一些修女用蛋清和杏仁粉制成了小圆饼，并用它来替代荤食。后来在法国大革命期间，神职人员生活窘迫，为了生计，就偷偷地贩卖她们制作的小圆饼，并将其传入了法国。

马卡龙是一款极甜的美食，所以在食用时最好能搭配一杯黑咖啡或者是一杯清爽的饮料。咖啡的醇香或者饮料的清爽会中和马卡龙的甜，使这颗"少女的酥胸"的口感更加美妙。

一枚完美的马卡龙，首先要层次分明，表面要光滑无凹痕，在灯光的照射下，还会泛着光泽。饼身的底部边缘，还会有一层很漂亮的裙边。入口先是酥脆的外壳，接着是绵软香甜的内馅，吃起来，别有一番风味。

香草马卡龙饼壳（法式）

材料

蛋白	23 克
白砂糖	25 克
绵白糖	18 克
糖粉	23 克
杏仁粉	25 克

制作

1. 将糖粉、杏仁粉混合过筛备用。

2. 将蛋白和白砂糖放入搅拌盆中，快速搅拌至蛋白起泡。

3. 在步骤 2 的材料中加入绵白糖，快速搅拌至八分发。

4. 将步骤 3 的材料和步骤 1 的材料用橡皮刮刀轻轻混合成柔软松绵的面糊。

5. 装入带有圆形裱花嘴的裱花袋中，再在铺有高温布的烤盘内均匀地挤出直径 3.5 厘米圆形。

6. 入炉以上火 170℃、下火 120℃烘烤约 10 分钟，待裙边出现后，将温度改至上火 120℃、下火 170℃继续烘烤约 8 分钟即可。

覆盆子马卡龙（法式）

蛋白	55 克
蛋白粉	1 克
白砂糖	25 克
糖粉	90 克
杏仁粉	50 克
红色色素	适量
覆盆子果汁	5 克

制作

1. 将糖粉、杏仁粉过筛混合备用。

2. 将蛋白和蛋白粉放入盆中，高速搅拌至发泡。

3. 然后在步骤 2 的材料中分次加入白砂糖。

4. 继续搅拌至蛋白霜充分发泡成尖峰状。

5. 将步骤 1 的材料倒入步骤 4 的材料中用刮刀轻轻混合，加入覆盆子果汁和适量红色色素。

6. 以压拌式混合面糊，直至面糊呈黏稠、细滑又有光泽的状态。

7. 将面糊装入带有圆形花嘴的裱花袋中，在铺有高温布的烤盘内均匀地挤出直径 3.5 厘米圆形。

8. 入炉以上火 170℃、下火 120℃烘烤约 10 分钟，待裙边出现后，将温度改至上火 120℃、下火 170℃继续烘烤约 8 分钟。

柠檬马卡龙（法式）

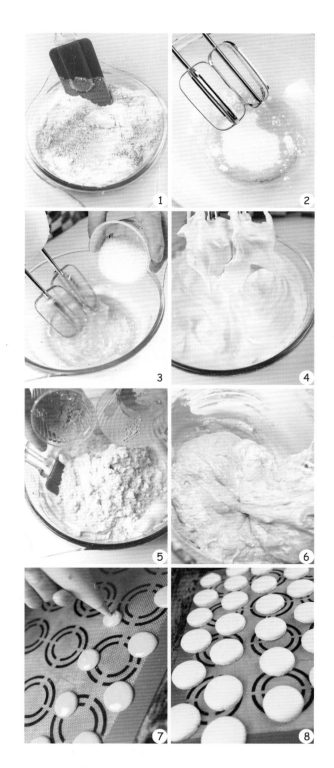

蛋白	55 克
蛋白粉	1 克
白砂糖	25 克
糖粉	90 克
杏仁粉	50 克
黄色色素	适量
柠檬皮碎屑	半个

制作

1. 将糖粉、杏仁粉过筛混合拌匀备用。

2. 将蛋白和蛋白粉放入盆中，高速搅拌至起泡。

3. 在步骤 2 的材料中分次加入白砂糖。

4. 继续搅拌至蛋白霜充分发泡成尖峰状。

5. 将步骤 1 的材料、适量黄色色素和柠檬皮碎屑加入步骤 4 的材料中。

6. 用刮刀轻轻混合以压拌的方式混合面糊，至面糊黏稠、细滑、具有光泽。

7. 将面糊装入带有圆形花嘴的裱花袋中，在铺有高温布的烤盘内均匀地挤出直径 3.5 厘米的圆形。

8. 入炉以上火 170℃、下火 120℃烘烤约 10 分钟，待裙边出现后，将温度改至上火 120℃、下火 170℃约烤 7 分钟。

抹茶马卡龙（意式）

材料	
糖粉	65 克
杏仁粉	65 克
抹茶粉	3 克
蛋白	25 克
白砂糖	70 克
水	30 克
蛋白	60 克
蛋白粉	1 克

制作

1. 将糖粉、杏仁粉和抹茶粉分别过筛后，混合拌匀。

2. 再将 25 克蛋白加入步骤 1 的材料中拌匀备用。

3. 然后将白砂糖和水放在容器中，以中火煮至 110℃。

4. 再取一个容器放入 60 克蛋白和蛋白粉，快速搅拌至湿性发泡。

5. 将步骤 3 的材料慢慢倒入步骤 4 的材料中，继续搅打发至蛋白呈现尖峰状即可。

6. 取 1/3 的步骤 5 的材料和步骤 2 的材料拌匀，再和剩余的步骤 5 的材料混合拌匀，直至面糊呈黏稠、细滑又有光泽的状态。

7. 将面糊装入带有圆形花嘴的裱花袋中，在铺有高温布的烤盘内均匀地挤出直径 3.5 厘米的圆形。

8. 入炉以上火 170℃、下火 120℃烘烤约 10 分钟，待裙边出现后，将温度改至上火 120℃、下火 170℃继续烘烤 8 分钟左右。

黑芝麻竹炭马卡龙（意式）

材料	
糖粉	65 克
杏仁粉	65 克
竹炭粉	4 克
黑芝麻	4 克
蛋白	25 克
白砂糖	70 克
水	30 克
蛋白	60 克
蛋白粉	1 克

制作

1. 将糖粉、杏仁粉、竹炭粉和黑芝麻分别过筛，混合拌匀。

2. 加入 25 克蛋白，拌匀备用。

3. 将白砂糖和水放在容器中，以中火煮至 110℃。

4. 同时将 60 克蛋白和蛋白粉放入盆中，快速搅拌至湿性发泡。

5. 再将步骤 3 的材料慢慢倒入步骤 4 的材料中，继续搅打发至尖峰状即可。

6. 先取 1/3 的步骤 5 的材料和备用的步骤 2 的材料拌匀，再和剩余的步骤 5 的材料混合拌匀，直至面糊呈黏稠、细滑又有光泽的状态。

7. 将面糊装入带有圆形花嘴的裱花袋中，在高温布的烤盘内均匀地挤出直径 3.5 厘米的圆形。

8. 入炉以上火 170℃、下火 120℃烘烤约 10 分钟，待裙边出现后，将温度改至上火 120℃、下火 170℃继续烘烤 8 分钟。

咖啡欧蕾马卡龙（意式）

材料

糖粉	65 克
杏仁粉	65 克
蛋白	25 克
浓缩咖啡液	5 克
白砂糖	70 克
水	30 克
蛋白	60 克
蛋白粉	1 克

制作

1. 将糖粉、杏仁粉分别过筛后混合拌匀，加入 25 克蛋白、浓缩咖啡液拌匀备用。

2. 将白砂糖、水放在加热的容器中以中火煮至 110℃。

3. 将 60 克蛋白和蛋白粉放入搅拌盆中，快速搅拌至发泡。

4. 将步骤 2 的材料慢慢加入步骤 3 的材料中，继续打发至尖峰状。

5. 取 1/3 的步骤 4 的材料和步骤 1 的材料拌匀，再和剩余的步骤 4 的材料混合拌匀，直至面糊呈黏稠、细滑又有光泽的状态。

6. 将面糊装入带有圆形花嘴的裱花袋中，在铺有高温布的烤盘内均匀地挤出直径 3.5 厘米的圆形。

7. 入炉以上火 170℃、下火 120℃烘烤约 10 分钟，待裙边出现后，将温度改至上火 120℃、下火 170℃约烤 8 分钟。

巧克力柠檬马卡龙（意式）

糖粉	65 克
杏仁粉	65 克
可可粉	8 克
蛋白	24 克
白砂糖	68 克
水	32 克
蛋白	60 克
蛋白粉	1 克

1. 将糖粉、杏仁粉和可可粉分别过筛后混合拌匀。

2. 加入 24 克蛋白，拌匀备用。

3. 将白砂糖和水放在容器中，以中火煮至 117℃。

4. 将 60 克蛋白和蛋白粉放入搅拌盆中，快速搅拌至发泡。

5. 将步骤 3 的材料慢慢倒入步骤 4 的材料中，继续搅打发至蛋白呈尖峰状即可。

6. 先取 1/3 的步骤 5 的材料和备用的步骤 2 的材料拌匀，再和剩余的步骤 5 的材料混合拌匀，直至面糊呈黏稠、细滑又有光泽的状态。

7. 将面糊装入带有圆形花嘴的裱花袋中，在铺有高温布的烤盘内均匀地挤出直径 3.5 厘米的圆形。

8. 入炉以上火 170℃、下火 120℃烘烤约 10 分钟，待裙边出现后，将温度改至上火 120℃、下火 170℃继续烘烤 8 分钟。

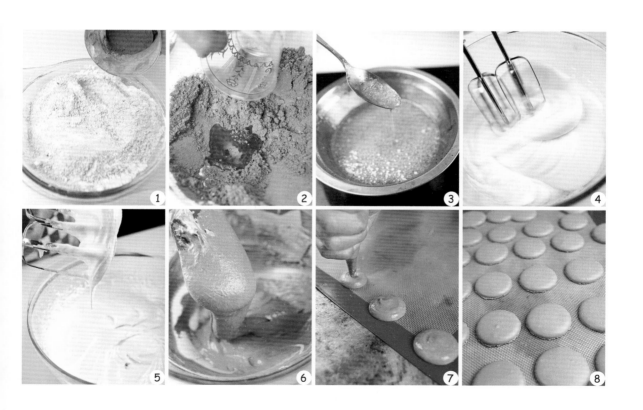

草莓馅料

材料

安佳黄油	180 克
糖粉	40 克
柠檬汁	15 克
白兰地	15 克
草莓酱	60 克

制作

1. 先将糖粉、安佳黄油一起放入容器中，混合搅拌打发变白。
2. 加入草莓酱，搅拌均匀。
3. 加入白兰地，搅拌均匀。
4. 最后加入柠檬汁，拌匀即可。

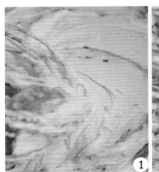

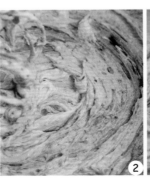

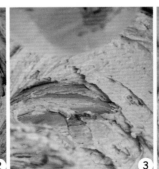

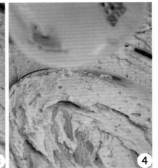

咖啡馅料

材料

黄油	200 克
糖粉	90 克
柠檬汁	15 克
白兰地	15 克
咖啡粉	10 克

制作

1. 将黄油、糖粉放在容器中，混合搅拌打发。
2. 加入柠檬汁，搅拌均匀。
3. 加入咖啡粉，搅拌均匀。
4. 最后加入白兰地，充分搅拌均匀。

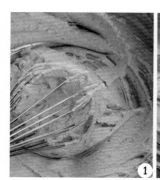

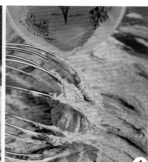

绿茶柠檬馅料

材料

无盐黄油	200 克
糖粉	90 克
柠檬汁	15 克
白兰地	15 克
抹茶粉	15 克

制作

1. 将无盐黄油和糖粉一起放入容器中，混合搅拌打发。
2. 加入柠檬汁拌匀。
3. 加入白兰地，搅拌均匀。
4. 加入绿茶粉，充分搅拌均匀即可。

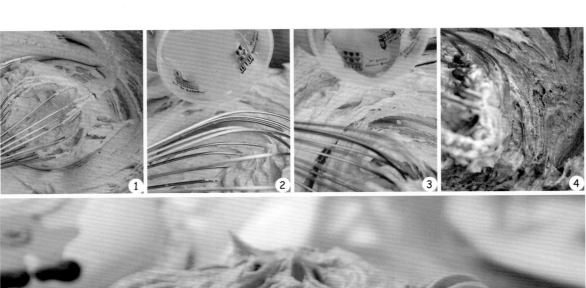

柠檬奶酪馅料

材料

黄油	180 克
糖粉	40 克
柠檬汁	15 克
朗姆酒	15 克
奶油奶酪	150 克
柠檬皮屑	15 克

制作

1. 先将黄油和糖粉一起放入容器中，混合搅拌至变白。
2. 加入朗姆酒，搅拌均匀。
3. 加入柠檬汁，搅拌均匀。
4. 加入室温软化的奶油奶酪，搅拌均匀。
5. 最后加入柠檬皮屑，充分搅拌均匀。

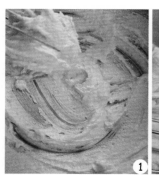

香草卡仕达馅料

材料

蛋黄	100 克
绵白糖	100 克
低筋面粉	20 克
玉米淀粉	10 克
淡奶油	400 克
香草粉	5 克

制作

1. 先将绵白糖和蛋黄一起搅拌均匀。

2. 加入过筛的低筋面粉和玉米淀粉，充分拌匀备用。

3. 将香草粉和淡奶油倒入容器中，边加热边搅拌至沸腾。

4. 将步骤 3 的材料慢慢加入步骤 2 的材料中搅拌均匀，以边加热边搅拌至沸腾，离火，待凉，放入冰箱中冷藏保存即可。

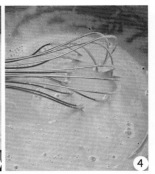

卢森堡小马卡龙

材料

蛋白	270 克
杏仁粉	350 克
糖粉	350 克
细砂糖	270 克
水	50 克

制作

1. 将细砂糖和水放入锅中煮沸到 120℃，在煮糖浆的同时，将 120 克蛋白打至湿性发泡。

2. 将杏仁粉、糖粉和 150 克蛋白一起搅拌至细腻的面糊状。

3. 加热好的糖浆均匀倒入打发的蛋白中，快速搅拌直至能形成光滑细腻的鸡尾状。

4. 将步骤 3 的材料加入步骤 2 的材料中，快速搅拌均匀。

5. 在油纸上挤出小圆饼，以上火 170℃、下火 120℃烘烤 10 分钟，根据自己喜欢的口味放置夹心即可。

巧克力马卡龙

 饼壳

 材料

蛋白	60 克
细砂糖	12 克
可可粉	5 克
杏仁粉	62 克
糖粉	115 克
可可粉	5 克

 制作

1. 将蛋白与细砂糖一起打发至中性发泡。

2. 将可可粉放在少量水中化开，再倒入打发好的蛋白中混合。

3. 将过筛后的杏仁粉、糖粉和可可粉一起加入蛋白中混合拌匀。

4. 装入有圆形花嘴的裱花袋中，在铺有高温布的烤盘中挤上小圆球，置于室温下将表皮晾干，直到以手碰触表面也不会粘上酱料为止，入烤箱，先以上火 200℃、下火 210℃烘烤 6~7 分钟，再以上火 120℃、下火 130℃烘烤至马卡龙边缘出现粗糙状裙边即可。出炉，静置放凉。

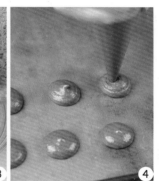

Ⅱ 焦糖鲜奶油及组合

材料

白砂糖	100 克
水	10 克
淡奶油	100 克
淡奶油（打发）	200 克

制作

1. 将白砂糖与水一起放入锅中，用直火加热煮至焦糖色。
2. 再将淡奶油加热至温热，倒入焦糖液中混合均匀，静置冷却。
3. 将 200 克打发的淡奶油，与完全冷却的焦糖液混合拌匀，装入裱花袋中。
4. 在马卡龙中间挤上一个圆球。
5. 粘上另外一片马卡龙，即可。

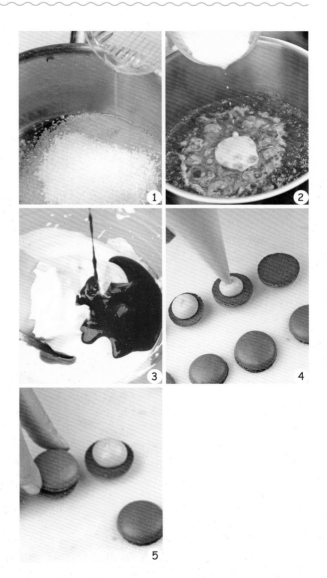

百香果马卡龙

Ⅰ 饼壳

材料

细颗粒杏仁粉	95 克
糖粉	155 克
蛋白	75 克
细砂糖	45 克
食用色素	少许

制作

1. 糖粉和杏仁粉过筛，拌匀备用。

2. 用电动搅拌器将蛋白打发至湿性发泡，加入细纱糖，继续打发至硬性发泡。

3. 将步骤 1 的材料倒入步骤 2 的材料中，用木棒或蛋糕刮刀由下往上翻拌均匀。

4. 加入食用色素，翻拌均匀后装入带有圆形花嘴的裱花袋中。

5. 在高温垫上挤上小圆形（大小类似一元硬币），在室温下静置 30 分钟，入烤箱以 130℃烘烤 25~28 分钟。

   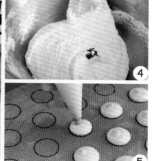

小贴士

1. 挤出圆形之后，需放在室温下静置，这样可以让小圆饼表面干燥成形，在后期烘烤时不会裂开。

2. 出炉后的小圆饼内软外硬，而且底部完全干燥，是最佳状态。

3. 烤好的未涂酱料的小圆饼放入纸盒可以保存一两星期，在吃前涂上夹心即可。如此可以不影响风味又可以延长保存期限。

Ⅱ 百香果馅料及组合

材料

百香果果蓉	500 克
白兰地	50 克
蜂蜜	75 克
黄油	187.5 克
牛奶巧克力	1050 克

制作

1. 将百香果果蓉、白兰地、蜂蜜和黄油，放入锅中，加热至80℃。

2. 加入牛奶巧克力，搅拌均匀。

3. 拌匀冷冻2小时，取出装进裱花袋，在饼壳中间挤入夹心馅料。

4. 再盖上另一片饼壳，即可食用。

覆盆子马卡龙

饼壳

材料

TPT 扁桃仁粉 50%	648 克
蛋白	238 克
水	81 克
细砂糖	324 克
覆盆子红色色粉	1 克

注：TPT 扁桃仁粉是用糖粉和扁桃仁粉以 1 比 1 的比例混合制成的。

制作

1. 将水和细砂糖一起煮到 118℃，在煮糖浆的同时打发 119 克蛋白，然后将煮好的糖浆冲进蛋白中，制成意式蛋白霜。
2. 将剩余的 119 克蛋白、TPT 扁桃仁粉和覆盆子红色色粉充分地拌匀。
3. 将意式蛋白霜分 3 次加入步骤 2 的材料中，用刮刀翻拌至非常顺滑（不能搅拌时间太长）。
4. 装入带有圆形花嘴的裱花袋中，挤在烤盘中，用 160℃ 烘烤 15 分钟（具体时间根据状态而定）。

1	2	3	4

▌▌覆盆子马卡龙内馅

材料

覆盆子碎	256 克
覆盆子果蓉	128 克
细砂糖	107 克
NH 果胶粉	17 克
细砂糖	376 克
黄柠檬汁	21 克

制作

1. 将覆盆子碎、覆盆子果蓉和 107 克砂糖一起加热至 40℃。

2. 将 NH 果胶粉和 376 克细砂糖拌匀，加入步骤 1 的材料中，继续加热至 103℃。

3. 离火加入黄柠檬汁搅拌均匀，晾凉备用。

1	2	3

▌▌组合

制作

1. 将内馅装入带有圆形花嘴的裱花袋中，挤在饼壳中间部位。

2. 再盖上另外一片饼壳即可。

1

2

小贴士

1. 若制作时天气不好，空气中湿度较高，饼壳在烤制之前需要在室温下晾晒一下，至表面变干。也可以用 50℃的风炉烘烤 5 分钟，再进行烘烤。

2. 蛋白最好使用老蛋白，因为老蛋白中的水含量较少。

酒渍樱桃马卡龙

① 外交官奶油

材料

材料	用量
幼砂糖	75 克
玉米淀粉	45 克
蛋黄	8 个
牛奶	500 克
盐	2 克
打发的淡奶油	200 克
吉利丁粉	8 克
水	40 克
香草荚	1 根

制作

> 准备：将吉利丁粉放入水中，浸泡待用。

1. 将蛋黄、盐和幼砂糖用手持打蛋器搅拌均匀，加入玉米淀粉搅拌均匀。

2. 牛奶煮沸，冲入步骤 1 的材料中并搅匀，再倒回锅中，边加热边搅拌至黏稠，加入泡好水的吉利丁粉搅匀。

3. 分两次加入打发好的淡奶油，用软刮刀拌匀。

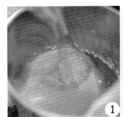

Ⅱ 饼壳

材料

杏仁粉	150 克
糖粉	150 克
蛋白	111 克
幼砂糖	150 克
水	39 克
紫色色粉	适量

制作

1. 将杏仁粉和糖粉一起过筛，加入 55.5 克蛋白搅匀，拌至湿润。

2. 将剩余的蛋白打至湿性发泡；同时将幼砂糖和水煮至 116℃，再慢慢冲入打发的蛋白中，并快速混合。

3. 将步骤 2 的材料分两次与步骤 1 的材料混合拌匀，放入紫色色粉拌匀，至面糊呈绸缎状，装入裱花袋中。

4. 在硅胶垫上挤出圆形（大小根据需要而定），震一下烤盘，放入烤箱中，以上火 160℃、下火 150℃ 烘烤 15 分钟。

Tips:

为了能挤出整齐的圆形马卡龙，可以事先在圈模上蘸一圈面糊，然后在硅胶垫上按出一圈痕迹，依照这个痕迹再挤出圆形。

Ⅲ 组合

材料

酒渍樱桃	适量

制作

1. 在一片饼壳上挤上一层外交官奶油。

2. 在外围摆放上一圈酒渍樱桃，盖上另一片饼壳即可。如果有不同尺寸的饼壳，可以做出两种尺寸的马卡龙，如上页大图所示，叠加做出造型。

紫罗兰黑加仑马卡龙

❶ 面糊

材料

TPT 扁桃仁粉 50%	647 克
（糖粉：扁桃仁粉 =1:1）	
蛋白	119 克
水	81 克
幼砂糖	324 克
蛋白	119 克
草莓红色色粉	1 克
闪耀黑色色素	1 克

制作

将水和幼砂糖一起煮到 118℃，在煮糖浆的同时打发一份蛋白，然后将煮好的糖浆冲进蛋白中，并高速混合，制成意式蛋白霜。

2. 将另一份的蛋白、TPT 扁桃仁粉、草莓红色色粉和闪耀黑色色素混合，充分的拌匀。

3. 将意式蛋白霜分 3 次与步骤 2 的材料拌匀，至非常顺滑（不能搅拌时间太长）。

4. 装入带有圆形花嘴的裱花袋中，在高温垫上挤出圆形，入风炉以 160℃烘烤 15 分钟（具体时间根据状态而定）。

Ⅱ 黑加仑马卡龙内馅

材料

勃艮第黑加仑果蓉	390 克
酸樱桃果蓉	39 克
幼砂糖	117 克
葡萄糖浆	117 克
NH 果胶粉	12 克
紫罗兰香精（香法露）	4 克
新鲜黄油	127 克

制作

1. 将勃艮第黑加仑果蓉、酸樱桃果蓉和葡萄糖浆一起煮到 40℃。

2. 将幼砂糖和 NH 果胶粉完全混合，加入步骤 1 的材料中，继续煮到 103℃（煮开之后再煮 1 分钟就可以了）。

3. 离火加入新鲜黄油，搅拌至完全化开混合。

4. 加入紫罗兰香精，充分拌匀之后，包上保鲜膜冷藏（最好提前一天做好放入冷藏冰箱，第二天使用）。

Ⅲ 组合

制作

1. 将黑加仑内馅装入带有圆形花嘴的裱花袋中，挤在饼壳的中间。

2. 再盖上另外一片饼壳即可。

大马卡龙

I 马卡龙面糊

材料

杏仁粉	250 克
糖粉	400 克
土豆淀粉	6 克
蛋白	200 克
幼砂糖	100 克
柠檬汁	3 克
镜面果胶	10 克

制作

1. 将蛋白、镜面果胶和柠檬汁一起放入打蛋桶中打发，并分次加入幼砂糖。

2. 将杏仁粉、糖粉和土豆淀粉一起混合均匀。

3. 将打发好的蛋白分三次与步骤 2 的材料混合翻拌均匀，装入带有圆形花嘴的裱花袋中。

4. 在烤盘上用绕圈的手法挤出 3 个直径 20 厘米的圆饼，余下的面糊挤出直径 3 厘米的小圆饼，放入 180℃的烤箱，直径 20 厘米的烘烤 14 分钟，直径 3 厘米的烘烤 12 分钟。

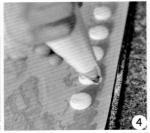

Ⅱ 香草慕斯琳奶油

材料

牛奶	500 克
香草荚	1 根
幼砂糖	125 克
蛋黄	125 克
吉士粉	45 克
黄油	250 克

制作

1. 将牛奶和香草荚一起入锅加热，煮沸后停火。

2. 将蛋黄和幼砂糖搅拌至发白，加入吉士粉搅拌均匀。

3. 将煮沸的牛奶冲入步骤 2 的材料中，搅拌均匀。

4. 用网筛过滤后再回锅，继续煮至浓稠（需不停地搅拌），离火后加入软化的黄油，搅拌均匀。

5. 倒入铺有保鲜膜的烤盘中，表面再覆上一层保鲜膜，放入冰柜降温。

    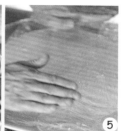

Ⅲ 组合

材料

新鲜蓝莓、黑樱桃、
火龙果块、樱桃、
镜面果胶、金箔 各适量

制作

1. 将香草慕斯琳奶油从冰箱中取出，搅拌使之软化一下，装入带有圆形花嘴的裱花袋中。

2. 挤在两片小圆饼之间，组成小马卡龙。

3. 在大圆饼上也挤入一层香草慕斯琳奶油（边缘处留 1 厘米左右）。

4. 将小马卡龙摆放在大圆饼的一圈空白处，用香草慕斯琳奶油填补摆放中间的空隙。

5. 在中心摆放上新鲜蓝莓、黑樱桃、火龙果块和樱桃，并在水果上刷一层镜面果胶，在上面点缀上金箔即可。

草莓绿茶马卡龙

 绿茶马卡龙

材料

杏仁粉	250 克
糖粉	250 克
绿茶粉	15 克
蛋白	190 克
水	80 克
幼砂糖	300 克

制作

1. 将杏仁粉和糖粉放入粉碎机中粉碎至更细，过筛至一个大盆中。

2. 加入 95 克蛋白，用橡皮刮刀拌匀。

3. 将绿茶粉过筛至步骤 2 的材料中，拌匀。

4. 将水和幼砂糖放入锅，加热至 116℃。

5. 将剩余的 95 克蛋白打发至湿性发泡，然后将步骤 4 的材料慢慢冲入蛋白中，高速打发至完全混合。

6. 分次将步骤 5 的材料倒入步骤 3 的材料中，用橡皮刮刀搅拌均匀后，再用刮板快速翻拌。

7. 取一张纸，在纸上划出爱心的形状，上面铺上硅胶垫，确保硅胶垫可以印出底下爱心的形状。

8. 将步骤 6 的材料装入裱花袋（花嘴直径 10 毫米）中，沿着画好的爱心从外向内一圈一圈地将整个爱心挤满。

9. 如果不平整的话边缘处可以用刻刀稍微修一下，静置半小时后抽去底部的纸。

10. 在表面撒上黑芝麻，放入烤箱，以 140℃烤 22 分钟（11 分钟后将烤盘掉个头）。

‖ 杏仁海绵蛋糕

蛋白	70 克
幼砂糖	45 克
全蛋	90 克
杏仁粉	70 克
糖粉	40 克
低筋面粉	40 克

1. 将蛋白倒入搅拌桶用中慢速打发，分次加入幼砂糖，打至湿性发泡。

2. 将杏仁粉、糖粉和低筋面粉混合过筛。

3. 将全蛋倒入步骤 1 的材料中，稍微打一下至全蛋混合均匀后，即可取出，将步骤 2 的材料倒入其中，拌匀。

4. 倒在硅胶烤盘上，抹平后放入烤箱，以 170℃烘烤 9 分钟。

Ⅲ 酸奶慕斯

材料

奶油奶酪	200 克
酸奶	150 克
幼砂糖	100 克
柠檬皮屑	1 个
吉利丁粉	8 克
水	40 克
淡奶油	255 克

制作

> 准备：将吉利丁粉加入水中，泡软备用。

1. 将柠檬皮屑擦入幼砂糖中，和酸奶一起倒入锅中加热，边加热边搅拌，加热至幼砂糖化开即可停火。

2. 将步骤1的材料倒入量杯中，加入切成小块的奶油奶酪，用料理棒搅拌，使其乳化。

3. 倒入搅拌盆中，加入提前泡好的吉利丁，用橡皮刮刀拌匀后冷却至 40 ～ 45℃。

4. 将淡奶油打发好，然后倒入步骤3的材料中，用软刮刀拌匀后装入裱花袋中，备用。

Ⅳ 覆盆子酱

材料

速冻覆盆子	200 克
幼砂糖	70 克
NH 果胶粉	3 克

制作

1. 将速冻覆盆子倒入锅中加热。

2. 将幼砂糖和 NH 果胶粉混合均匀。

3. 将步骤2的材料倒入步骤1的材料中，一边加热一边搅拌，直至煮沸。

4. 煮沸后倒入一个小盆中，用保鲜膜包好，备用。

草莓糖浆

材料

糖浆　　　　　　300 克
（糖与水的比例为 1:1）
草莓果蓉　　　　100 克

制作

1. 将糖浆和草莓果蓉加热煮沸，然后倒入一个盆中冷却。

Ⅵ 组合

材料

新鲜草莓、树莓、
镜面果胶　　　　各适量

制作

1. 在冷却好的心形马卡龙上抹一层薄薄的覆盆子酱。

2. 将烤好的杏仁海绵蛋糕准备好，用比心形马卡龙小的心形模具压出爱心的形状，然后放入草莓糖浆中，使海绵蛋糕彻底浸透糖浆后取出，放在步骤 1 的材料的中心处。

3. 用刀将新鲜的草莓去头去尾，依次摆放在心形杏仁海绵蛋糕周围。

4. 将酸奶慕斯挤在心形海绵蛋糕的顶部（包括边缘草莓与草莓之间的空隙）。

5. 另取一个心形马卡龙覆盖在步骤 4 的材料的顶部。

6. 最后在新鲜水果（草莓和树莓）上刷一层镜面果胶，分别摆放在马卡龙顶部的中心位置作为装饰，撒上一些防潮糖粉即可。

泡 芙

香缇奶油泡芙

泡芙面糊

材料

水	250 克
牛奶	250 克
黄油	250 克
盐	10 克
白砂糖	15 克
低筋面粉	300 克
全蛋	500 克

制作

1. 将水、牛奶、盐、白砂糖和黄油一起倒入锅内,加热至沸腾。

2. 加入过筛好的低筋面粉快速搅匀,再次加热,继续边搅边煮收干水。

3. 倒入打蛋桶中,搅打至面糊温度降至室温、无水蒸气冒出。

4. 将全蛋分次加入正在搅打的面糊中,至完全混合。再装入带有圆形花嘴的裱花袋中,在烤盘中挤出圆形,入炉以上下火 180℃烘烤 25 分钟。

 组合

材料

香草荚	1/2 根
淡奶油	500 克
糖粉	50 克

 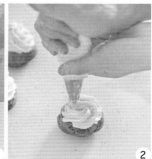

制作

> 准备:用刀将香草荚刨开,取出香草籽备用。

1. 将淡奶油、糖粉和香草籽一起打发至中性偏干性发泡,约七成发,装入带有五齿直花嘴的裱花袋中;用刀横向从泡芙顶部切开,在内部挤入打发淡奶油。

2. 在顶部挤出花形即可。

焦糖闪电泡芙

闪电泡芙又称手指泡芙。

对于这个名字的来源，有多种说法。其中有一种是说闪电泡芙十分美味，吃了之后就会被它深深吸引，并犹如闪电一般迅速地将它吃完，因此得名为闪电泡芙。另外有一种说法是，泡芙壳在烘烤完成之后，具有类似闪电一样的裂痕，以此得名。还有的说，闪电泡芙表面的淋面就像闪电一般明亮，因此得名。

还有一个比较拟人化的传说：奶油和蛋糕结婚了，诞生了奶油蛋糕；面包从此失恋了，它把对奶油的爱深深藏进了心底，于是有了泡芙。然后泡芙慢慢长大，造就了幸福的闪电泡芙。

无论是哪一种说法，这款美味的甜点已风靡全球，并有甜点师不断给予它新意。它起源于法国，并成为了一款非常经典的法式甜点，具有浓浓的法式浪漫气息，并早已深深俘虏了法国人的味蕾，在法国的各式甜点店中，都充斥着它的身影。

Ⅰ 泡芙面糊

材料

水	146 克
半脱脂牛奶	146 克
黄油	146 克
幼砂糖	6 克
精盐	6 克
高筋面粉	87 克
低筋面粉	87 克
全蛋	277 克

制作

1. 将水、半脱脂牛奶、黄油、幼砂糖和精盐倒在锅中，一起加热至沸腾。

2. 倒入过筛好的高筋面粉和低筋面粉，搅拌均匀，用中火一直加热并搅拌，至没有水蒸气冒出的时候离火。

3. 倒进打蛋桶中，分次地加入鸡蛋，每次都用中速搅拌至融合，然后装入带有多齿花嘴的裱花袋中。

4. 将面糊挤在铺有高温垫的烤盘上，放入冰箱冷冻一个晚上。之后取出，将其有间距地摆放在烤盘上，入风炉以170℃烘烤 15~20 分钟（根据情况定）。

Ⅱ 闪电泡芙焦糖奶油

材料

幼砂糖	234 克		香草膏	13 克
半脱脂牛奶	389 克		精盐	3 克
淡奶油	259 克		黄油（软化）	195 克
蛋黄	130 克		吉利丁粉	4 克
高筋面粉	32 克			
玉米淀粉	19 克			

> 准备：

1. 将吉利丁粉与水按1比5的比例准备好，然后将粉放入水中浸泡，备用。
2. 将香草荚（刨开切成段）和转化糖浆按1比1的比例混合加热至沸腾，晾凉即成香草膏。

1. 在锅中加入半脱脂牛奶、淡奶油和香草膏加热；另取一只锅，加入195克幼砂糖，煮到180℃。

2. 将加热好的香草牛奶过滤到糖浆中（去除香草籽），二者充分拌匀。

3. 将蛋黄、39克的幼砂糖、高筋面粉、盐和玉米淀粉放入盆中，拌匀。

4. 取1/2的步骤2的材料倒入步骤3的材料中，拌匀，再与剩余的步骤2的材料混合，再用中火再次加热，至沸腾后再加热1分钟，离火。（期间需一直搅拌，避免煳底）

5. 将步骤4的容器放在冰盆中，加入吉利丁粉，利用余温将吉利丁粉化开拌匀，冷却至40~45℃。

6. 再加入软化的黄油，用手持料理棒搅拌至顺滑。

7. 倒在包有保鲜膜的烤盘中，再覆上保鲜膜，放入冰箱中晾凉。

Ⅲ 无色闪电泡芙淋面

材料

水	36 克
幼砂糖	72 克
葡萄糖浆	72 克
含糖炼乳	36 克
吉利丁粉	6 克
32% 白巧克力	97 克
白色色淀（溶解）	2 克
热水	4 克
可可脂	17 克

制作

> 准备：将吉利丁粉和水按 1 比 5 的比例准备好，然后将粉放入水中浸泡，备用。

1. 将水、幼砂糖和葡萄糖浆倒在锅中，用中火加热至 110℃。

2. 将白巧克力和可可脂倒在一个盆中，加入步骤 1 的材料，充分地搅拌均匀。

3. 加入炼乳和吉利丁粉，再加入用热水溶解的白色色淀搅拌均匀，然后放在冰盆中冷却至 25℃使用。

Ⅳ 焦糖闪电泡芙淋面及装饰品

材料

无色闪电泡芙淋面	333 克
棕色色素	少许
焦糖色色素	少许
巧克力片	适量

制作

1. 在淋面中加入色素拌匀即可。

2. 准备好装饰用的巧克力片。

Ⅴ 组合

制作

1. 在泡芙底部戳洞，然后挤上焦糖奶油。

2. 在表面蘸上焦糖闪电泡芙淋面。

3. 顶部装饰上巧克力片即可。

水果闪电泡芙

Ⅰ 泡芙面糊

材料

水	250 克	白砂糖	15 克
牛奶	250 克	低筋面粉	300 克
黄油	250 克	全蛋	500 克
盐	10 克		

制作

1. 将水、牛奶、盐、白砂糖和黄油一起倒入锅内，加热至沸腾。

2. 加入低筋面粉快速搅匀，再继续边搅边煮，收干水分。

3. 倒入打蛋桶中搅打散热，并分次加入全蛋搅拌至完全融合且面糊温度降至室温，完成后，装入带有六齿花嘴的裱花袋中。

4. 在烤盘上挤出 8 厘米的长条，送入烤箱中，以上下火 180℃烘烤约 25 分钟。

Ⅱ 组合

材料

香草荚	1/2 根
淡奶油	500 克
糖粉	50 克
糖粉	适量
蓝莓	适量
草莓	适量
薄荷	适量

制作

> 准备：用刀从泡芙的侧面将泡芙削去顶部（约占总体 1/3）。

1. 将香草荚刨开取出籽与淡奶油和 50 克糖粉混合打发至七成发，装入带有齿状花嘴的裱花袋中，挤入泡芙内部。

2. 装饰蓝莓、草莓和薄荷叶，撒上糖粉。

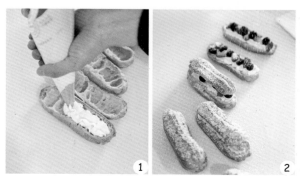

双巧闪电泡芙

I 泡芙面团

材料

纯净水	760	克
全脂牛奶	240	克
食盐	8	克
幼砂糖	32	克
无盐黄油	400	克
低筋面粉	600	克
全蛋	1000	克

Tips:

在制作圆形泡芙的时候不需要在配方中添加牛奶进行调制面糊的稀稠度，但是在制作闪电泡芙的时候需要加入适量的牛奶进行调节。一份面团中可添加 160 克左右的牛奶进行调节，也可以根据面糊的状态酌情添加。

1. 将水、牛奶、黄油、砂糖和食盐倒在锅中，一起加热至沸腾。

2. 离火倒入过筛好的面粉，充分搅拌均匀。

3. 再次中火加热1至2分钟至没有水蒸气冒出，倒进打蛋桶中。

4. 鸡蛋打散加热到20℃左右，分次倒入面团中，搅拌均匀。每次加入的鸡蛋必须与面糊充分地拌匀再加下一次，每次加鸡蛋时要稍微搅拌一下桶底。鸡蛋约加90%，可根据面糊的状态调整鸡蛋的量。

5. 加入牛奶调节面糊的稀稠度，装入花袋，在烤盘上用锯齿花嘴挤出14厘米长的闪电泡芙面糊。

6. 表面撒上糖粉，用平炉关排气孔200℃烤7分钟，然后开排气孔160℃烤30到40分钟。门要微微打开。

Ⅱ 黄油薄脆片脆饼底

榛果酱	110 克
64% 黑巧克力	40 克
黄油薄脆片	100 克

1. 黑巧克力化开和榛果酱、黄油薄脆片一起拌匀，铺成11厘米 x 18厘米的长方形，然后先切成11厘米 x 1.5厘米的长条，再冷冻。

Ⅲ 巧克力奶油

材料

35% 淡奶油	80 克	蛋黄	45 克
牛奶	160 克	68% 黑巧克力	130 克
幼砂糖	45 克		

制作

1. 幼砂糖和蛋黄一起混合拌匀，淡奶油、牛奶倒入锅中加热至微沸，一部分的热奶油混合物倒进蛋黄混合物中拌匀，再倒回锅中拌匀，继续加热至黏稠状态。

2. 倒进黑巧克力中，利用余温使巧克力化开拌匀即可。

Ⅳ 牛奶巧克力香缇

材料

35% 淡奶油	375 克
38% 牛奶巧克力	135 克

制作

1. 淡奶油加热倒进巧克力中混合拌匀，放进冷藏冰箱降温，第二天打发使用。

Ⅴ 装饰巧克力件

材料

黑巧克力　适量

制作

1. 黑巧克力进行调温，倒在塑料纸上抹平，待到将要凝固的时候裁出想要的大小。

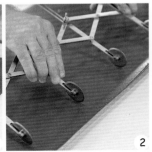

Ⅵ 组合

制作

1-4. 将泡芙从 1/3 的位置分出上下两层，在下半部分内挤上一层巧克力奶油，放入黄油脆饼底，再挤上一层巧克力奶油，放上泡芙的上半部分，用大号的圆花嘴挤上麦穗形花边的牛奶巧克力香缇，再摆放上装饰件即可。

柚子闪电泡芙

 泡芙面团

材料

纯净水	760 克
全脂牛奶	240 克
食盐	8 克
幼砂糖	32 克
无盐黄油	400 克
低筋面粉	600 克
全蛋	1000 克

制作

1. 将纯净水、全脂牛奶、无盐黄油、幼砂糖和食盐倒在锅中，一起加热至沸腾。

2. 离火，倒入过筛好的低筋面粉，充分搅拌均匀。

3. 继续用中火加热 1 至 2 分钟至面糊没有水蒸气冒出，倒进打蛋桶中。

4. 将全蛋（20℃）分次倒入面团中，搅拌均匀。每次加入时，必须与面糊充分地拌匀再加下一次。

5. 将面糊装入带有齿状花嘴的裱花袋中，在烤盘上挤出长度约 14 厘米的长条状。

6. 在表面撒上糖粉，用平炉关排气孔以 200℃烘烤 7 分钟，然后开排气孔以 160℃烘烤 30~40 分钟。门要微微打开。

❚❚ 柚子奶油

<table>
<tr><td rowspan="7">🗂
材
料</td><td>柚子果蓉</td><td>170 克</td></tr>
<tr><td>全蛋</td><td>280 克</td></tr>
<tr><td>幼砂糖</td><td>195 克</td></tr>
<tr><td>无盐黄油</td><td>335 克</td></tr>
<tr><td>吉利丁粉</td><td>4 克</td></tr>
<tr><td>冷纯净水</td><td>24 克</td></tr>
</table>

🧁 制作

> 准备：将吉利丁粉放入冷纯净水中浸泡，待用。

1. 将柚子果蓉加热到 80℃；并将全蛋和幼砂糖混合拌匀，取少量的果蓉与蛋液混合物拌匀，再倒回到剩余的果蓉中，继续加热至黏稠，离火。

2. 加入泡好的吉利丁粉化开拌匀，快速降温到 35℃左右。

3. 加入软化的无盐黄油，用手持料理棒搅打均匀，包上保鲜膜冷藏备用。

Ⅲ 黄色镜面

材料

转化糖浆	1000 克
30° B 糖浆	100 克
黄色素	适量

制作

1. 将转化糖浆和 30° B 糖浆加热到 40~50℃，加入黄色色素混合拌匀。

Ⅳ 巧克力装饰件

制作

1. 将白巧克力化开，倒在大理石上调温至 28℃左右。
2. 将可可脂放在锅中，加热至化开，加入橙色色淀进行调色，再加入 100 克化开的白巧克力拌匀。倒在塑料纸上，用刷子刷均匀。
3. 将剩余的调好温的 300 克巧克力倒在步骤 2 的材料上，抹平，待到稍微凝结时，用刀裁出想要的大小。

材料

可可脂	100 克
白巧克力	400 克
橙色色淀	适量

Ⅴ 组合

材料

红醋栗	适量

制作

1. 在泡芙的底部打出 3 个小孔，从小孔处将柚子奶油挤入泡芙内部，包上保鲜膜放入冰箱中冷藏 30 分钟。
2. 淋上黄色闪电泡芙镜面。
3. 摆放上橙色白巧克力插片和红醋栗进行装饰即可。

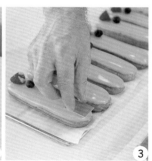

榛子焦糖脆面泡芙

| 脆面

黄油（软化）　　170 克

金黄砂糖　　　　85 克

高筋面粉　　　　225 克

1. 在软化的黄油中加入金黄砂糖和高筋面粉，一起混合拌成团。

2. 放入冰箱中冷藏 1 小时，用擀面杖将其擀成 2 毫米厚的面片，用直径 6 厘米的圈模切出圆形脆面。

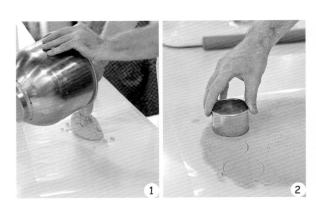

Ⅱ 泡芙面团

材料

纯净水	380 克
全脂牛奶	120 克
食盐	4 克
幼砂糖	16 克
无盐黄油	200 克
低筋面粉	300 克
全蛋	500 克

制作

1. 将纯净水、全脂牛奶、无盐黄油、幼砂糖和食盐倒在锅中，一起加热至沸腾。

2. 离火，倒入过筛好的低筋面粉，充分地搅拌均匀。

3. 改用中火，继续加热，并用刮刀不停地搅拌 1 至 2 分钟至没有水蒸气冒出，倒进打蛋桶中。

4. 搅拌面团，并分次加入全蛋，搅拌均匀。每次加入蛋液时，必须充分拌匀再加下一次，并根据稠稀度酌情增加或者减少蛋液用量。

5. 装入带有大号圆花嘴的裱花袋中，在铺有带孔的高温垫的烤盘上挤出直径 5~6 厘米的泡芙圆形面糊；再在另一个烤垫上挤上直径约 2~3 厘米的圆形面糊。

6. 在大圆形泡芙上盖一片脆面。

7. 用平炉、关排气孔以 200℃烘烤 7 分钟，然后开排气孔以 160℃烘烤 30~40 分钟，并将烤箱的门微微打开；小泡芙的烘烤要根据状态酌情减少时间。

Ⅲ 盐之花焦糖

材料

幼砂糖	100 克
葡萄糖浆	20 克
35% 淡奶油	60 克
盐之花	2 克
黄油	70 克

制作

1. 将 35% 淡奶油和葡萄糖浆放在锅中加热至微沸。

2. 另取一个锅，放入幼砂糖煮，加热煮成焦糖色，分次加入步骤 1 的材料，混合均匀。

3. 加入盐之花和黄油化开拌匀。

4. 倒在硅胶垫上待凉使用。

Ⅳ 卡仕达奶油

材料

全脂牛奶	1000 克
蛋黄	200 克
幼砂糖	250 克
吉士粉	80 克
黄油（软化）	80 克
香草荚	1 根

制作

1. 将全脂牛奶和香草荚放入锅中，加热至沸腾；同时将蛋黄和幼砂糖一起打发至泛白，加入吉士粉拌匀，取 1/2 的热牛奶倒入蛋黄混合物中拌匀，再倒回牛奶锅中，继续加热至黏稠（需不停地搅拌），离火。
2. 加入软化的黄油拌匀即可。

Ⅴ 榛子焦糖慕斯琳奶油

材料

卡仕达奶油	700 克
盐之花焦糖	230 克
榛子泥	55 克
黄油（软化）	230 克

制作

1. 将卡仕达奶油倒进打蛋机中打至顺滑，放入盐之花焦糖和榛子泥搅打均匀。
2. 加入软化的黄油打发即可。

Ⅵ 焦糖榛子碎

材料

榛子	200 克
糖浆	40 克
（糖浓度 57% 左右）	
砂糖	10 克

制作

1. 将所有材料混合，倒进烤盘，用风炉以 160℃烘烤 20 分钟左右。
2. 出炉后，晾凉，装进裱花袋，敲碎备用。

Ⅶ 组合

材料

糖粉	适量
奶油	适量

制作

1. 在小泡芙底部戳一个洞，从小洞口往泡芙内部挤上盐之花焦糖酱。
2. 将大泡芙从侧面中间处一切为二，并分别将两部分的表面修整平滑。
3. 将榛子焦糖慕斯琳奶油装入带有大号锯齿花嘴的裱花袋中，挤入大泡芙的下部分中。
4. 放入一个带有焦糖酱的小泡芙。
5. 再挤上一层花形榛子焦糖慕斯琳奶油。
6. 撒上少许焦糖榛子碎。
7. 在大泡芙的上部分的表面筛上糖粉，盖在步骤 6 的材料上。
8. 最后在顶部挤上一些奶油作为装饰品，冷藏 5 个小时候即可装盘食用。

草莓修女泡芙

Ⅰ 泡芙酥皮

材料

黄油	72 克
金黄幼砂糖	90 克
低筋面粉	90 克
香草精	适量

制作

1. 将黄油切小块，与金黄幼砂糖、低筋面粉和香草精一起倒入搅拌桶中，用扇形搅拌器慢速搅拌成面团。

2. 将面团放在硅胶垫上，覆上一层油纸上，将面团擀薄，并用压模压成大小合适的圆片。

Ⅱ 泡芙面糊

材料

牛奶	125 克
水	125 克
盐	4 克
黄油	100 克
低筋面粉	150 克
全蛋	250 克

制作

1. 将水、牛奶、黄油和盐放入锅中，加热至煮沸。

2. 离火，加入过筛的低筋面粉，用橡皮刮刀搅拌均匀后继续加热，使水蒸发，充分把面糊烫熟。

3. 倒入搅拌桶中，用扇形拍慢速搅拌降温，分四次加入全蛋液，一直搅拌至绸缎状，装入带有圆形花嘴的裱花袋中。

4. 挤入大小不同的两个圆形硅胶模中，在表面铺一层塑料薄膜，抹平表面后放入冰箱中急冻。

5. 取出泡芙，脱模，在表面刷上蛋液，然后包上泡芙酥皮，入烤箱以上火 170℃、下火 180℃烘烤 35 分钟。

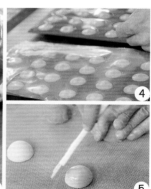

Ⅱ 君度外交官奶油

材料

牛奶	1000 克
黄油	100 克
香草荚	2 克
蛋黄	200 克
幼砂糖	150 克
玉米淀粉	80 克
吉利丁片	10 克
冰水	50 克
打发的淡奶油	350 克
君度橙酒	80 克

制作

> 准备：将吉利丁片放入 50 克水中浸泡至软，备用。

1. 将牛奶倒入锅中；将香草荚刨开，取出香草籽放入锅中，一起加热至 83℃。

2. 将蛋黄和幼砂糖混合搅拌，加入玉米淀粉，拌匀。

3. 将少量步骤 1 的材料倒入步骤 2 的材料中，拌匀后倒回锅中，一边继续加热一边不停搅拌。

4. 煮沸后离火，加入泡软的吉利丁片，拌匀后加入黄油，用余温溶化拌匀，最后加入君度橙酒，拌匀后冷却。

5. 在烤盘上铺上一层保鲜膜，倒入步骤 4 的材料，再覆上一层保鲜膜，放入速冻冰箱中降温。取出后，再倒入搅拌桶中用慢速搅打至软，分次混合打发的淡奶油，翻拌均匀。

   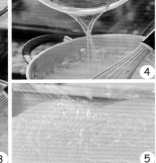

Ⅱ 草莓酱

材料

草莓果蓉	250 克
葡萄糖浆	150 克
幼砂糖	50 克
NH 果胶粉	5 克

制作

1. 将草莓果蓉和葡萄糖浆入锅加热至沸腾后离火。

2. 将幼砂糖和 NH 果胶粉混合拌匀。

3. 将步骤 2 的材料倒入步骤 1 的材料中，混合均匀后不停地搅拌，再次加热至煮沸，离火。

4. 倒入烤盘内，用保鲜膜包好后冷藏。

❘ 组合

材料

新鲜草莓	750 克
白巧克力	适量

制作

1. 取适量白巧克力调温至 28℃，倒在胶片纸上，抹平，再覆上一片胶片纸，稍稍凝固后，用一大一小两种压模压出圆片痕迹，放入冰箱中冷冻 2 分钟后取出，小心去除胶片纸，备用。

2. 将泡芙的正面（圆面）蘸上化开的白巧克力，粘在做好的白巧克力圆片上（平底在上）。

3. 用刀去除表面将泡芙掏空。

4. 挤入一层草莓酱，再挤入君度外交官奶油至五分满，放入切好的小草莓块，压紧后再挤一层君度外交官奶油至满。

5. 放一片白巧克力圆片，并用草莓酱在巧克力圆片上挤出六瓣花形状。

6. 将小泡芙取出后，用竹签在平底的一面戳一个小孔，从孔洞处往内部挤入君度外交官奶油，放在草莓酱六瓣花的中间。

7. 取一片小的白巧克力圆片粘接在小泡芙上，在顶部装饰上草莓即可。

巧克力泡芙

 泡芙面糊

材料		
水	150 克
黄油	100 克
起酥油	50 克
低筋面粉	130 克
黑可可粉	25 克
全蛋	250 克

 制作

1. 将水和黄油放入锅中，一起煮沸。

2. 加入过筛的低筋面粉和可可粉，继续加热并用刮刀搅拌至底部出现一层薄膜即可。

3. 分次加入全蛋，拌匀，至用刮刀挑起面糊成能呈现倒三角的现象，即可。

4. 装入带有圆形花嘴的裱花袋中，在烤盘上挤出直径为4.5~5 厘米的圆形。

5. 在表面喷一层水，防止烘烤后表皮干裂，再放入风炉中以 200℃烘烤 30 分钟。

Ⅱ 巧克力卡仕达奶油

材料

牛奶	1000 克
蛋黄	10 个
幼砂糖	200 克
黑巧克力	80 克
低筋面粉	40 克
玉米淀粉	30 克
香草精	少量

制作

1. 在蛋黄中先加入一半的幼砂糖，拌匀，加入过筛的低筋面粉和玉米淀粉，搅拌至无干粉的状态。

2. 将牛奶加热，加入另一半的幼砂糖和香草精，煮开，倒入步骤 1 的材料中，拌匀。

3. 过筛，再倒回锅中，重新加热煮至浓稠状即可（期间要不停地搅拌）。

4. 将黑巧克力化开，与步骤 3 的材料混合拌匀，放入冰水中隔水冷却。

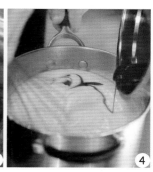

Ⅲ 组合

材料

淡奶油	300 克
糖粉	30 克

制作

> 准备：将淡奶油和糖粉混合打发至七分发。

1. 取出泡芙，用刀从侧面的上端将泡芙切开，除去顶端部分（约占整体的 1/3），在底部挤入巧克力卡仕达奶油，再挤入打发淡奶油，盖上顶端部分，筛上糖粉即可。

香草闪电泡芙

材料	
半脱脂牛奶	415 克
淡奶油	277 克
蛋黄	138 克
幼砂糖	145 克
高筋面粉	35 克
玉米淀粉	21 克
香草膏	21 克
黄油	221 克
吉利丁粉	4 克
纯净水（凉）	20 克

制作

准备

1. 将吉利丁粉放入纯净水中浸泡，备用。

2. 将香草荚刨开切成段和转化糖浆按 1 比 1 的比例混合加热至沸腾，晾凉后即成香草膏。

1. 将半脱脂牛奶、淡奶油、香草膏和幼砂糖倒在一起，用小火煮沸，离火。

2. 同时将蛋黄打散，加入高筋面粉和玉米淀粉混合至无面粉颗粒。

3. 将步骤 1 的材料过滤，取 1/3 的量倒进步骤 2 的材料中拌匀，再与剩余的步骤 1 的材料拌匀。

4. 继续加热，煮至沸腾之后再煮 1 分钟即可（多煮 1 分钟可以使其中的水分蒸发，面糊更加凝固）。

5. 离火，加入吉利丁粉，搅拌均匀之后放在冰盆中冷却至40℃。

6. 加入软化成软膏的黄油，用手持料理棒搅打均匀。

7. 倒在铺有保鲜膜的烤盘中，覆上保鲜膜，放进冰箱冷冻保存，第二天使用。

II ⬛ 香草闪电泡芙淋面

材料

水	36 克
幼砂糖	73 克
香草荚	2 根
葡萄糖浆	73 克
含糖炼乳	36 克
吉利丁粉	6 克
纯净水（凉）	30 克
32% 白巧克力	97 克
白色色淀	2 克
热水	4 克
可可脂	17 克

制作

> 准备：

1. 将吉利丁粉放入纯净水中浸泡，备用。

2. 用热水将白色色淀化开，备用。

1. 在锅中加入水、幼砂糖、葡萄糖浆、炼乳和香草荚一起煮沸，离火，用粗网孔的网筛过滤除去香草荚。

2. 将 32% 白巧克力、可可脂混合化开，再融合，加入吉利丁和白色色淀，加入步骤 1 的材料，用手持料理棒打匀，晾凉备用。

Ⅲ 泡芙面糊

材料

水	146 克
半脱脂牛奶	146 克
黄油	146 克
幼砂糖	6 克
精盐	6 克
高筋面粉	87 克
低筋面粉	87 克
全蛋	277 克

制作

1. 把水、半脱脂牛奶、黄油、幼砂糖和精盐倒在锅中，一起加热至沸腾。

2. 加入过筛好的高筋面粉和低筋面粉，充分搅拌均匀。

3. 继续用中火一直加热至面糊没有水蒸气冒出，再分次加入全蛋，搅拌均匀。

4. 装入带有齿状花嘴的裱花袋中，在铺有高温垫的烤盘上挤出长条状，放入冰箱冷冻一个晚上，取出摆放在烤盘上，入风炉以170℃，烘烤15~20分钟（根据情况定）。

Ⅳ 组合

材料

巧克力装饰件	适量
椰子丝	适量

制作

1. 在泡芙底部戳两个洞，然后从空洞处将闪电泡芙香草奶油挤上泡芙内。

2. 在表面蘸上淋面和椰子丝。

3. 在顶部装饰上巧克力装饰件即可。

精美大作

蛋糕是烘焙界的宠儿。它温润的口感让人无法拒绝，它百变的造型，让人爱不释手。而一些大型裱花蛋糕甚至可以称作是艺术精品。

肉桂苹果碧根果挞

❶ 甜酥面团

材料

黄油	250 克
糖粉	170 克
盐	2 克
香草精	2 克
全蛋	100 克
杏仁粉	50 克
中筋面粉	420 克
泡打粉	3 克

制作

1. 将黄油软化，与糖粉、盐、香草精、全蛋和杏仁粉一起搅拌，然后加入中筋面粉和泡打粉，搅拌成面团。

2. 用保鲜膜包起来，放入冰箱中冷藏 30 分钟，取出后擀至 3 毫米厚，用模具切割出合适大小，嵌入挞模（大的直径为 20 厘米，小的直径为 8 厘米）中，用叉子在底面上叉上空洞，冷藏备用。

Ⅱ 碧根果奶油

幼砂糖	70 克
全蛋	100 克
黄油	60 克
扁桃仁粉	100 克
碧根果碎	100 克
淡奶油	60 克

制作

1. 将幼砂糖和黄油倒入搅拌桶中，用扇形搅拌器搅拌，然后加入扁桃仁粉搅拌。

2. 分次加入全蛋搅拌，加入碧根果碎，再加入淡奶油，搅拌均匀，装入裱花袋中。

3. 挤入挞壳中至 1/2 高度，以 180℃烘烤 20 分钟左右至上金黄色。

Ⅲ 苹果泥

材料

苹果块	1000 克
水	适量
肉桂粉	10 克
香草荚	2 根

 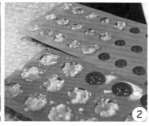

制作

1. 在锅内放入肉桂粉、香草籽（香草荚去荚取籽）和苹果块，加入水至能没过苹果块，加热煮至苹果软烂。

2. 将大部分（需预留下一部分，用于后面的夹层）倒入直径 2 厘米的半球模中，入冰箱冷冻。

Ⅳ 香草白巧克力慕斯

材料

香草荚	半根
淡奶油	235 克
白巧克力	335 克
可可脂	40 克
打发的淡奶油	400 克

制作

1. 将香草荚刨开放入淡奶油中浸泡 24 小时，过筛入锅中。

2. 加热至 80℃后，过滤至白巧克力和可可脂中，搅拌化开至融合后，用手持料理棒搅打至乳化。

3. 冷却至 35℃时，分次加入打发的淡奶油，拌匀成慕斯泥。

4. 挤入半球模中至五分满。

5. 压入苹果泥球，再用慕斯泥填满，抹平，放入冰箱中冷冻。

Ⅴ 装饰品

材料

苹果片　　　　适量
30° B 糖浆　　适量
（糖浓度 57% 左右）

制作

1. 将苹果片放入 30° B 糖浆中浸泡 24 小时取出，沥干水，放入烤箱中以 160℃烘干即可。

Ⅵ 组合

材料

可可脂、白巧克力、
黑巧克力条、
银箔、糖浆　　　　各适量

制作

1. 在烤好的甜酥饼底和碧根果奶油上抹一层苹果泥，抹平，放入冰箱中冷冻。

2. 将冻好的香草白巧克力慕斯脱模，将可可脂和白巧克力按 1 比 1 的比例混合，在 35℃时装入喷壶中，喷在慕斯表面形成绒面，放在步骤 1 的材料上。

3. 在烘干的苹果片表面刷上一层糖浆，装饰在挞上。

4. 再装饰上巧克力细条和银箔即可。

百香果覆盆子挞

甜酥面团

材料

中筋面粉	200 克
细砂糖	70 克
盐	5 克
黄油	100 克
牛奶	4 毫升
蛋黄	3 个
香草精	适量

制作

1. 将中筋面粉倒在操作台上，形成一个粉墙。

2. 将盐和细砂糖放入蛋黄中，一起倒入粉墙内，与面粉拌匀。搅拌速度要快，否则会有颗粒。

3. 加入黄油、牛奶和香草精，用手揉搓成团，用保鲜膜包好，放入冰箱冷藏至少 2 小时。

4. 将冷藏好的面团取出，擀成圆。擀制之前可以先在桌面上画个圈，比圈模稍大即可。面团厚度大约为 5 毫米。

5. 将小块黄油抓在手上，在圈模的内部转动一圈，在圈模内壁上擦一层黄油，方便脱模。

6. 用手慢慢地将面皮嵌入模具中，使面皮贴合模具，高出的部分可以用小刀去除，在挞皮上戳一些小孔，然后放入风炉中，以 180℃烘烤 18 分钟。

Ⅱ 喱酱汁

材料

覆盆子果蓉	160 克
细砂糖	22 克
吉利丁片	4 克

制作

1. 将果蓉加热化开，取少量与细砂糖拌匀，再倒回锅中与剩余的细砂糖一起拌匀。

2. 加入用凉水事先泡软的吉利丁片，化开拌匀，并在表面覆上保鲜膜，放入冰箱冷藏保存。

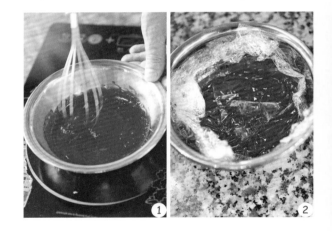

Ⅲ 百香果奶油

材料

百香果果蓉	150 克
细砂糖	175 克
全蛋	200 克
吉利丁片	4 克
黄油	300 克
新鲜百香果	100 克

制作

1. 将全蛋和细砂糖拌匀，加入果蓉，拌匀，放在炉子上加热至冒泡（边加热边搅动），呈浓稠状态。

2. 离火后加入事先用凉水泡软的吉利丁片，化开拌匀，然后分次加入黄油，拌匀。

3. 覆上保鲜膜，入冷藏保存。

Ⅳ 意式蛋白霜

材料

蛋白	100 克
细砂糖	200 克
水	60 克

制作

1. 将蛋白与细砂糖混合，快速打发至中性发泡；同时将糖水煮至120℃，倒入打发好的蛋白中，快速打发至蛋白坚挺并且细腻有光泽。

Ⅴ 组合

制作

1. 用勺子将啫喱酱汁装入挞中至三分满，入冰箱中急冻凝固。

2. 取出，用勺子将百香果奶油铺满，抹平。

3. 将意式蛋白霜装入带有 V 字形口花嘴的裱花袋中，在挞中挤出图案，并用火枪将表面微微烧焦一层，再撒上一层柠檬皮屑，筛上防潮糖粉即可。

菠萝香草挞

┃ 油酥面团

材料

黄油	1200 克
盐	20 克
糖粉	500 克
TPT 杏仁粉	500 克
(杏仁粉 250 克、糖粉 250 克)	
香草粉	20 克
全蛋	400 克
低筋面粉	500 克
低筋面粉	1500 克

制作

1. 将全蛋和盐搅拌均匀。

2. 将除 1500 克低筋面粉以外的所有粉类一起倒入面缸内，搅拌均匀，再加入接好的蛋液，拌匀，再加入 1500 克低筋面粉，继续搅拌均匀。

3. 将打好的油酥面团放入烤盘内，用保鲜膜密封好，放入冷藏至少 1 小时。

Ⅱ 卡仕达奶油

材料

牛奶	1000 克
香草荚	1 根
幼砂糖	240 克
蛋黄	250 克
吉士粉	80 克
玉米淀粉	20 克

制作

1. 将牛奶和 120 克幼砂糖倒入锅中加热，香草荚切开取籽，一起放入锅中煮沸。

2. 将剩余的幼砂糖和蛋黄一起搅打至乳化发白，加入吉士粉和玉米淀粉搅拌均匀。

3. 将煮沸的牛奶倒入蛋黄糊中，搅拌均匀后过筛倒回锅中，小火继续加热搅拌至呈黏稠果冻状。

4. 倒入烤盘中，用保鲜膜包好，放入冰箱中冷藏。

Ⅲ 杏仁奶油

材料

黄油	100 克
杏仁 TPT	200 克
（杏仁粉100克、糖粉100克）	
吉士粉	3 克
全蛋	60 克
朗姆酒	20 克
卡仕达奶油	140 克

制作

1. 将黄油软化，放入搅拌桶里，加入杏仁 TPT 和吉士粉，用搅拌器慢速拌匀至无干粉状，即成杏仁卡仕达奶油。

2. 加入全蛋，先慢速拌匀，再快速打发。

3. 将朗姆酒与卡仕达奶油拌匀，加入步骤 2 的材料中拌匀即可。

Ⅳ 白巧克力奶油

材料

淡奶油	125 克
牛奶	125 克
蛋黄	100 克
香草荚	1 根
白巧克力	400 克
可可脂	50 克
吉利丁片	4 克

制作

1. 将淡奶油和牛奶倒入奶锅中，从香草荚中取出香草籽放入其中，再倒入蛋黄，一起加热并不停搅拌至 80℃，呈黏稠状。

2. 将白巧克力与可可脂放在一个盆内，倒入步骤 1 的材料，搅拌至完全融合。

3. 加入泡软的吉利丁片（需用凉水浸泡），倒入量杯中，用手持料理棒搅打均匀。

4. 倒入铺有油纸的慕斯圈模中，注满，并用火枪消除表面气泡，放入冰箱中冷冻成型。

Ⅴ 香煎菠萝

材料

新鲜菠萝	1000 克
幼砂糖	100 克
黄油	50 克
朗姆酒	60 克
葡萄干	130 克
香草荚	1 根
幼砂糖（调味）	适量

制作

> 准备：葡萄干需先放入朗姆酒中浸泡一夜。

1. 将菠萝去皮去芯，切除叶子（留下做装饰使用），将菠萝切成小块。

2. 将黄油放入平底锅中加热至化开，加入 1 根香草荚，一起加热。

3. 煎至香草荚溢出香味，倒入菠萝块，加入适量的幼砂糖翻拌均匀（糖的用量根据水果的甜度来决定）。

4. 将菠萝煎至松软并上色，倒入浸泡过朗姆酒的葡萄干，翻一下菠萝，并用火枪在苹果表面点燃，使朗姆酒酒精挥发留下酒香。

5. 倒入铺有油纸的烤盘上，并放入冰箱急冻降温备用。

Ⅵ 香草甘纳许

制作

材料

35% 淡奶油	430 克
香草荚	3 根
白巧克力	500 克

1. 将淡奶油倒入奶锅内，加入香草籽（香草荚去荚取籽），边加热边将香草籽搅拌均匀。

2. 煮至沸腾后过筛至化好的白巧克力中，搅拌均匀至无颗粒状态，再用手持料理棒充分地乳化。

3. 倒入铺有保鲜膜的烤盘上，在表面覆上保鲜膜，冷藏降温。

Ⅶ 组合

材料

葡萄干、菠萝叶、镜面果胶、金箔　适量

制作

1. 将松驰好的油酥面团擀至 0.3 厘米厚，用小刀切出比圈模大的圆形。

2. 捏入直径 20 厘米的挞模中，削去多余的边，放入烤箱内，以 170℃烘烤约 20 分钟，取出稍放凉。

3. 将杏仁奶油挤入挞壳中至 1/3 的高度，抹平，放上一层香煎菠萝。

4. 再挤入杏仁奶油至九分满，表面用曲柄抹刀抹平，放入风炉，以 160℃烘烤 20 分钟左右至金黄色，冷冻降温。

5. 将冻硬的白巧克力奶油取出，脱模，淋上香草甘纳许，用曲柄抹刀将白巧克力奶油移至挞的中部。

6. 在挞的边缘处摆放一圈香煎菠萝，菠萝交叉处放上葡萄干，刷上镜面果胶以增加光泽。最后取两片菠萝的叶子，放于中间作为装饰品，用金箔做点缀。

蛋白柠檬挞

 甜酥面团

材料

中筋面粉	200 克
细砂糖	70 克
盐	5 克
黄油	100 克
牛奶	4 毫升
蛋黄	3 个
香草精	适量

制作

1. 将中筋面粉倒在操作台上，形成一个粉墙。

2. 将盐和细砂糖放入蛋黄中，一起倒入粉墙内，与面粉拌匀（搅拌速度要快，否则会有颗粒）。

3. 加入黄油、牛奶和香草精，用手揉搓成团，用保鲜膜包好，放入冰箱冷藏至少 2 小时。

4. 将冷藏好的面团取出，擀成圆片（擀制之前可以先在桌面上画个圈，比圈模稍大即可），厚度大约为 5 毫米。

5. 将小块黄油抓在手上，在圈模的内部转动一圈，在圈模内壁上擦一层黄油，方便脱模。

6. 用手慢慢地将面皮嵌入模具中，使面皮贴合模具，高出的部分可以用小刀去除，在挞皮上戳一些小孔，然后放入风炉中，以 180℃烘烤 18 分钟。

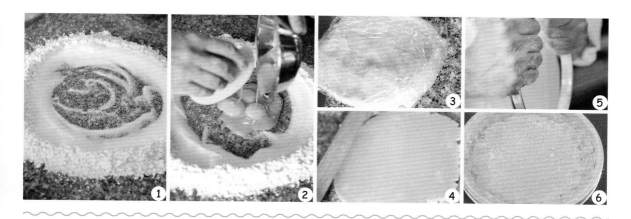

Ⅱ 柠檬奶油

材料

柠檬汁	500 克
玉米淀粉	45 克
全蛋	500 克
蛋黄	200 克
幼砂糖	550 克
黄油（软化）	350 克

制作

1. 将全蛋、蛋黄和幼砂糖，拌匀，再加入玉米淀粉，搅拌至无干粉状态。

2. 将柠檬汁加热至 80℃左右，加入步骤 1 的材料中，拌匀，再回炉，继续用中火熬至浓稠（快速搅拌）。

3. 离火，分次加入软化的黄油，拌匀（增加光泽）倒入小盆中，用保鲜膜包好，冷藏。

Ⅲ 组合

材料

黄色镜面果胶、镜面果胶（无色）、红醋栗　各适量

制作

1. 将柠檬奶油用勺子装入挞中，九分满即可，抹平，急冻一会儿后，再抹一层柠檬奶油，急冻。

2. 将柠檬奶油装入带有圆形花嘴的裱花袋中，在步骤 1 的材料的表面上挤出花形图案，入冰箱冷冻成型，取出后在表面刷一层黄色镜面果胶，中心处摆放上红醋栗，红醋栗表面也刷一层镜面果胶即可。

蛋白巧克力挞

Ⅰ 巧克力甜酥面团

材料

黄油（软化）	150 克
低筋面粉	230 克
可可粉	20 克
盐	1 克
全蛋	50 克
细砂糖	100 克

制作

1. 将所有材料放入搅拌桶中，搅拌成面团，用保鲜膜包住，放入冰箱中冷藏。

1

Ⅱ 扁桃仁奶油

材料

黄油	500 克
糖粉	500 克
扁桃仁粉	500 克
全蛋	400 克
100％ 可可酱砖	150 克
黑巧克力	150 克
淡奶油	350 克

制作

> 准备：将可可酱砖和黑巧克力分别化开，再融合备用。

1. 将黄油（冷块状）放入搅拌机中，加入糖粉用扇形搅拌器搅拌均匀。

2. 加入扁桃仁粉，搅拌至无干粉状态，再分次加入全蛋，用中快速搅拌融合。

3. 加入化开的可可酱砖和黑巧克力，搅拌均匀，再加入淡奶油，慢速搅拌融合，装入裱花袋中，备用。

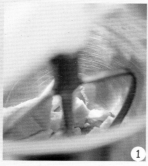  

①　②　③

Ⅲ 巧克力甘纳许

材料

牛奶	250 克
淡奶油	60 克
66% 黑巧克力	250 克

制作

1. 将牛奶和淡奶油倒入锅中，煮沸，离火。
2. 加入 66% 黑巧克力，化开拌匀。
3. 在表面覆上一层保鲜膜，放置一边备用。

Ⅳ 巧克力蛋白霜

材料

蛋白	100 克
细砂糖	100 克
糖粉	100 克
可可酱砖	30 克

制作

1. 将可可酱砖隔水化开。
2. 将细砂糖和蛋白混合，快速打发至中性发泡。
3. 加入糖粉用刮刀翻拌均匀，加入化开的可可酱砖，拌匀。装入裱花袋中，备用。

Ⓥ 组合

材料

可可粉　　　　　　　　适量
牛奶巧克力　　　　　　适量
圆形黑巧克力片　　　　适量

制作

1. 将巧克力甜酥面团擀开至3毫米厚，用相应的圈模压出圆形饼皮。

2. 将圆形饼皮放在圆形模具上，用手整形使面皮贴合模具。

3. 在中间挤入打好的扁桃仁奶油。

4. 放入烤箱，以180℃烘烤12分钟，出炉后冷却脱模，并依次摆放在烤盘纸上备用。

5. 在表面涂抹一层巧克力甘纳许。

6. 用巧克力蛋白霜在表面周围挤上一圈花边。

7. 在表面撒上一层可可粉作为装饰品，放入烤箱中，以160℃烤3分钟。

8. 将圆形黑巧克力装饰件放在蛋白巧克力挞上作为装饰品，然后将适量牛奶巧克力化开装入裱花袋，在顶部挤上一些小圆点即可。

覆霜柠檬挞

🟦 开心果油酥面团

材料

黄油	250 克
糖粉	170 克
盐	2 克
香草精	2 克
全蛋	50 克
开心果碎	100 克
中筋面粉	420 克
泡打粉	3 克
全蛋	60 克

制作

1. 将 50 克全蛋放入微波炉里加热至熟（期间需拿出搅拌），用网筛将熟鸡蛋筛成细小颗粒，备用。

2. 将黄油和糖粉混合，用扇形搅拌器搅拌均匀。

3. 加入盐、香草精、开心果碎、中筋面粉、泡打粉搅拌均匀，再加入鸡蛋颗粒和 60 克的全蛋液，搅拌均匀。

4. 取出后将面团揉匀，用保鲜膜包好，放入冰箱冷藏静置 30 分钟以上。

5. 取出将面团擀开至 2 毫米厚，用直径 12 厘米的圈模压出挞皮，入烤盘重，冷藏。

6. 在直径 8 厘米挞模边缘涂抹黄油（防粘），放入挞皮，用刀切除多余的边角，制成挞壳，放入烤箱中，用 160℃烘烤 15 分钟左右至表面金黄，取出。

小贴士

1. 将鸡蛋用两种方式加入到制作材料中，可以调节面团中水的含量，使挞壳更加酥。

2. 挞皮烘烤完成后，在表面撒上粉状可可脂或者刷上可可脂，可以用于防潮。

3. 烤好挞皮后，可以用网筛或者削皮器将边缘稍微磨平一下。

Ⅱ 柠檬奶油

材料

青柠果蓉	370 克
幼砂糖	240 克
全蛋	240 克
蛋黄	120 克
白巧克力	240 克
可可脂	60 克
黄油	120 克

制作

1. 将青柠果蓉煮沸，加入幼砂糖，搅拌均匀。

2. 分次倒入全蛋和蛋黄中，搅拌均匀后再倒回锅中继续加热至 80℃，呈浓稠状。

3. 倒入白巧克力、可可脂和黄油的混合物中，用手持料理棒搅拌均匀后倒入盆中，在表面覆上保鲜膜，冷藏。

4-5. 将做好的柠檬奶油一部分挤入烤好的塔皮中至七分满，另外一部分挤入直径 3 厘米的硅胶半球模具中，放入冰箱中冷冻。

Ⅲ 青柠蛋白霜

材料

水	170 克
青柠皮屑	2 个
幼砂糖	150 克
青柠果蓉	160 克
吉利丁粉	14 克
纯净水	84 克

Tips:

1. 这是一款没有鸡蛋的蛋白霜，机器打发的时间为 25 分钟左右。

2. 蛋白霜挤入半球模后，可以在表面放一片塑料圆纸片，使表面更加光滑平整。

制作

> 准备：将吉利丁粉放入纯净水中，浸泡备用。

1. 将水和青柠皮屑混合加热，静置一会儿，过滤。

2. 将幼砂糖和青柠果蓉加入步骤 1 的材料中，加热至煮沸，离火，加入提前泡好的吉利丁粉，混合均匀，在表面覆上保鲜膜，入冰箱中冷藏一晚。

3. 取出倒入搅拌桶中，用热风枪稍稍加热一下搅拌桶，用网状打蛋器搅打至体积膨胀至原来的 5 倍左右（温度在 20℃左右），制成青柠蛋白霜。

4. 挤入直径 8 厘米的半球模至一半的深度，中间放入冻好的柠檬奶油半球，再挤入青柠蛋白霜至模具七分满，入冰箱冷冻成形。

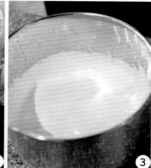

Ⅳ 油酥面团

材料

黄油	210 克
糖粉	12 克
杏仁粉	70 克
幼砂糖	70 克
盐	7 克
中筋面粉	320 克
全蛋	60 克

制作

1. 将黄油、糖粉、杏仁粉、中筋面粉、幼砂糖和盐倒入搅拌桶中，搅打到缸中材料出现砂粒状，加入全蛋。

2. 取出面团，压平，放在铺有硅胶垫的烤盘上，擀至2毫米厚，送进风炉中，以165℃烘烤15分钟左右至表面金黄色即可出炉。

3. 在表面撒上一层粉状可可脂（防潮）。

Tips:
也可以加入适量的香草精或肉桂粉来增加饼底的口味

Ⅴ 烤椰丝

材料

青柠果蓉	25 克
幼砂糖	35 克
椰丝	70 克

制作

1. 将青柠果蓉和幼砂糖放入锅中，煮沸，加入椰丝，混合均匀。

2. 倒入烤盘中，铺开后放入烤箱，以150℃（根据实际情况调节）烤至金黄色。

Ⅵ 椰香脆饼

材料

油酥饼底	450 克
黄油薄脆片	80 克
烤椰丝	120 克
可可脂（化开）	130 克

制作

1. 将烤好的油酥面团用手揉碎，与烤椰丝和黄油薄脆片一起倒入搅拌桶中，加入化开的可可脂，搅拌均匀。

2. 倒在硅胶垫上并覆上一层油纸，将脆饼擀至 2 毫米厚，入冰箱冷藏。

3. 用圈模压出直径为 9 厘米的圆饼。

Ⅶ 组合

材料

白色巧克力圆环	适量
中性镜面果胶	适量
绿色色素	适量

制作

1. 将柠檬奶油挤入烤好的开心果油酥面团挞壳内，并将表面抹平。

2. 放上一片椰香脆饼。

3. 摆放上一个青柠蛋白霜，并套上一个白色巧克力圆环装饰件。

4. 用中性镜面果胶加绿色色素调和成绿色镜面果胶装入裱花袋中，挤出圆点在表面做装饰。

圆顶柠檬挞

油酥挞皮

 材料

低筋面粉	1000 克	
黄油（凉）	600 克	
精盐	10 克	
糖粉	380 克	
扁桃仁粉	130 克	
全蛋	220 克	
烤盘油	适量	

 制作

1. 将黄油放入缸内，加入低筋面粉、精盐、糖粉和扁桃仁粉，搅拌均匀。加入全蛋，继续搅拌成团，用保鲜膜包起放入冰箱中冷藏。

2. 准备直径 7 厘米的圈模，平放在油纸上，喷涂上烤盘油。

3. 将面团取出，擀开至 3 毫米厚，用圈模压出圆形挞皮。

4. 放入圈模中，用手指轻轻按压使面皮与挞模贴合，放入冰箱中冷藏半小时。

5. 取出后，将挞皮边缘多余的部分切掉。

Ⅱ 扁桃仁奶油

材料

黄油	500 克
糖粉	500 克
扁桃仁粉	500 克
全蛋	600 克
朗姆酒	50 克
奶粉	100 克
淡奶油	450 克

Tips:

最好提前一天做好，
放入冰箱中冷藏静置
一夜，烘烤时不会膨
胀过度。

制作

1. 将黄油放入缸内，加入糖粉和扁桃仁粉，搅拌均匀。

2. 分次加入全蛋，快速搅拌。

3. 加入淡奶油、朗姆酒和奶粉，搅拌均匀（也可以加入柠檬皮屑等食材调配口味）。倒入盆中，用保鲜膜包好，放入冰箱冷藏保存。

Ⅲ 柠檬奶油

材料

柠檬果蓉	370 克
水	185 克
全蛋	185 克
细砂糖	275 克
柠檬皮屑	2 个柠檬的量
吉士粉	55 克
黄油	150 克
吉利丁片	4 克

制作

> 准备：将吉利丁片提前用材料分量外的水泡好。

1. 将柠檬果蓉放入锅中，加入水和柠檬皮屑，加热至沸腾。

2. 在全蛋中放入细砂糖，搅拌打发，加入吉士粉，继续搅拌均匀。

3. 将 1/2 的步骤 1 的材料倒入步骤 2 的材料中，搅拌后再与剩余的步骤 1 的材料混合，边加热边快速搅拌，煮至85℃，呈浓稠状态。

4. 倒入盆中，加入泡好的吉利丁片，化开拌匀，降温至60℃时，加入黄油用手持料理棒打匀。

5. 倒入直径 6 厘米的半球形硅胶模至满，放入冰箱中急冻。

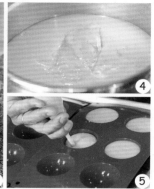

Ⅳ 法式蛋白霜

材料

蛋白	100 克
细砂糖	100 克
糖粉	100 克

制作

1. 在蛋白中分次加入细砂糖，一起打发至干性发泡，加入糖粉，翻拌均匀。

2. 装入裱花袋中，在烤盘中挤出水滴状，入炉以130℃烘烤约 30 分钟。

Ⅴ 组装

材料

黄色镜面果胶	适量
镜面果胶、黄色色素	
	适量
巧克力片	适量

制作

1. 在烤盘上铺上网状高温垫，将扁桃仁奶油挤入油酥挞皮中至六分满，放入烤箱以上下火 170℃烘烤 19 分钟。

2. 出炉冷却脱模，作为底座。

3. 将柠檬奶油脱模，放在网架上，淋上黄色镜面果胶，放在步骤 2 的材料上。

4. 周边装饰一圈法式蛋白霜，再插上巧克力片装饰件即可。

巧克力咸焦糖挞

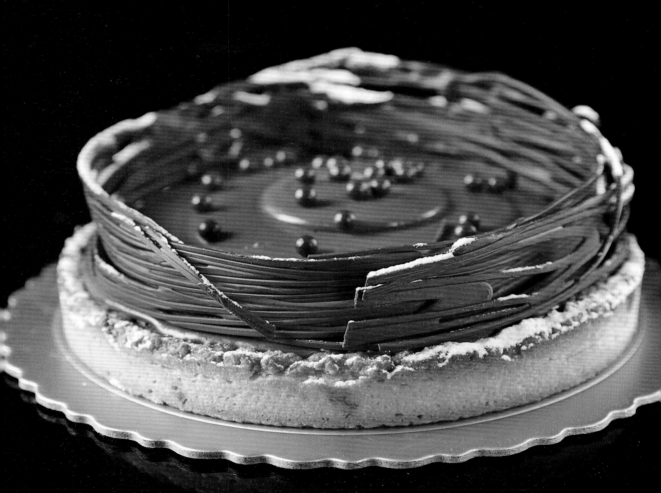

Ⅰ 甜酥面团

材料

中筋面粉	200 克
细砂糖	70 克
盐	5 克
黄油	100 克
牛奶	4 毫升
蛋黄	3 个
香草精	适量

制作

1. 将中筋面粉倒在操作台上，形成一个粉墙。

2. 将盐和细砂糖放入蛋黄中，一起倒入粉墙内，与面粉拌匀。搅拌速度要快，否则会有颗粒。

3. 加入黄油、牛奶和香草精，用手揉搓成团，用保鲜膜包好，放入冰箱冷藏至少 2 小时。

4. 将冷藏好的面团取出，擀成圆片（擀制之前可以先在桌面上画个圈，比圈模稍大即可），厚度大约为 5 毫米。

5. 将小块黄油抓在手上，在圈模的内部转动一圈。在圈模内壁上擦一层黄油（方便脱模）。

6. 用手慢慢地将面皮嵌入模具中，使面皮贴合模具，高出的部分可以用小刀去除，在挞皮上戳一些小孔，然后放入风炉中，以 180℃烘烤 18 分钟。

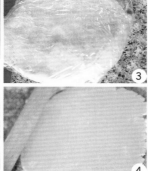
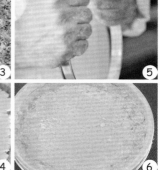

Ⅱ 无面粉巧克力饼底

材料

58% 黑巧克力	128 克
黄油	30 克
蛋黄	3 个
蛋白	4 个
细砂糖	45 克

制作

1. 将蛋白和细砂糖混合打发至干性发泡，然后加入蛋黄，搅拌均匀即可。

2. 将巧克力化开，加入黄油，拌匀。

3. 取少量步骤 2 的材料与步骤 1 的材料拌匀，然后再与剩余的步骤 2 的材料一起拌匀。

4. 装入裱花袋中，在烤盘上用绕圈的方式挤出圆形（大小与模具相等），放入烤箱中以 200℃烘烤 11 分钟左右，烤好后出炉冷却。

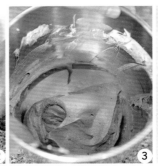

Ⅲ 英式奶油甘纳许

材料

淡奶油	125 克
细砂糖	10 克
蛋黄	40 克
58% 黑巧克力	187 克

制作

1. 将淡奶油、牛奶、细砂糖和蛋黄拌匀后，加热，快速搅拌至沸腾。

2. 冲入 58% 黑巧克力中，拌匀至有光泽。

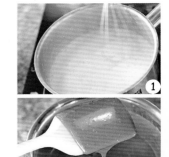

Ⅳ 咸焦糖奶油

材料

细砂糖	115 克
牛奶	290 克
蛋黄	44 克
香草籽	1 克
吉利丁片	2 克
黄油	162 克
盐之花	2 克

制作

1. 将 100 克细砂糖加热，熬煮成焦糖，然后倒入牛奶，混合拌匀。

2. 将 15 克细砂糖放入蛋黄中拌匀。

3. 取少量的步骤 1 的材料倒入步骤 2 的材料中拌匀，然后再与剩余的步骤 1 的材料一起拌匀，回炉，煮至冒泡后离火。

4. 加入泡软的吉利丁片（用冷水浸泡），拌匀，加入香草籽，拌匀，加入盐之花，拌匀后用保鲜膜包好，冷藏。

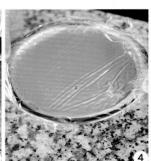

Ⅴ 巧克力装饰件

黑巧克力　适量

1. 取一个硬质烤盘，放入冰箱急冻室中，急冻5分钟以上；取适量巧克力化开，装入裱花袋中剪一个小口，在温度极低的烤盘上挤出线条。

2. 快速将烤盘上的巧克力拾起，围成一个圈（也可以在中间切断，得到自己想要的长度）。

Ⅵ 组合

糖粉、巧克力豆　各适量

1. 用勺子将焦糖奶油舀入挞皮中至八分满。

2. 放上一片无面粉巧克力饼底，入冰箱急冻成型。

3. 取出，在中间部分倒入一圈甘纳许，抹平，急冻成型后，取出再抹上一小圈甘纳许（比上一层小），急冻；成型后取出再抹一层更小圈的甘纳许（比上一层更小），放入冰箱中急冻成型。

4–5. 在边上筛上一圈糖粉，中间装饰上巧克力豆即可。

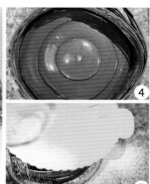

水果挞

I 挞皮

材料

黄油	250 克
糖粉	65 克
全蛋	50 克
低筋面粉	400 克
盐	1 克
香草精	少许

制作

1. 将黄油切成小块，放在室温下软化，和糖粉、盐、香草精搓至完全融合。

2. 分次加入全蛋混合均匀。

3. 加入低筋面粉，以堆叠压拌的方式拌匀，至完全成团，表面光滑，包上保鲜膜放入冰箱冷藏半小时。

4. 取出，用擀面杖将其擀至 3 毫米厚，用压模压出大小，放入模具中并在底面上扎上细孔，入烤箱中，以上下火 180℃烘烤 12 分钟左右，出炉。

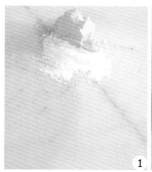
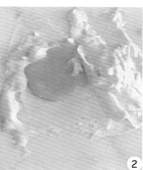

II 卡仕达酱

材料

牛奶	300 克
幼砂糖	40 克
蛋黄	50 克
低筋面粉	20 克
玉米淀粉	20 克
香草荚	1 根
黄油（软化）	50 克

制作

1. 先取少部分牛奶和粉类材料混合均匀，再加入蛋黄搅拌均匀。

2. 将剩余的牛奶和幼砂糖放入锅中，加香草荚煮沸。

3. 过滤除去香草荚。将液体冲入步骤 1 的材料中搅匀，再隔热水搅拌至变稠。

4. 稍凉后，分次加入软化的黄油拌匀。

III 装饰

材料

草莓、蓝莓、覆盆子、薄荷叶　　适量

制作

1. 在挞壳里挤入卡仕达酱，再装饰即可。

Ⅰ 香料油酥面团

材料

黄油	250 克
蜂蜜	85 克
赤砂糖	85 克
盐	2 克
香草精	2 克
肉桂粉	4 克
五香粉	8 克
中筋面粉	420 克
全蛋	100 克
泡打粉	6 克

制作

1. 将除全蛋以外的所有材料一起混合搅拌成沙粒状，最后加入全蛋搅拌，用扇形搅拌器搅拌成团。

2. 取出将面团揉匀，用擀面杖将其擀成 3 毫米厚，放入直径 20 厘米的挞圈中，用叉子在表面戳一些小孔。

Ⅱ 热那亚饼底

材料

全蛋	250 克
幼砂糖	37 克
50% 杏仁膏	250 克
蛋白	37 克
中筋面粉	52 克
泡打粉	4 克
黄油（化开）	75 克

制作

1. 将全蛋和幼砂糖搅拌均匀，隔水加热至 40℃，并持续搅打。

2. 将 50% 杏仁膏和蛋白搅拌均匀。

3. 将步骤 1 的材料倒入步骤 2 的材料中，用中速搅拌均匀，并加入中筋面粉和泡打粉，搅拌均匀。

4. 取少量面糊与黄油（化开）混合，再与剩余面糊搅拌混合，倒入模具中至一半高度，入炉中以 200℃烘烤至上色。

Ⅲ 酸樱桃泥

材料

冷冻酸樱桃	160 克
酸樱桃果蓉	220 克
香草荚	1 根
幼砂糖	90 克
NH 果胶粉	8 克

制作

1. 将冷冻酸樱桃、酸樱桃果蓉和香草荚放入锅中，加热至 40℃。
2. 将幼砂糖和 NH 果胶粉搅拌均匀，加入步骤 1 的材料中，煮至 103℃，离火，倒入另一个容器内，覆上保鲜膜放入冰箱保存。

Ⅳ 脆香饼

材料

白巧克力	50 克
黄油薄脆片	50 克
50％ 杏仁酱	100 克

制作

1. 将化开的白巧克力和杏仁酱拌好，调温至 24℃。
2. 加入黄油薄脆片，混合搅拌均匀，压入圈模中，抹平。

Ⅴ 顶级牛奶巧克力慕斯

材料

牛奶	187 克
38％ 考维曲牛奶巧克力	400 克
打发的淡奶油	520 克

制作

1. 将牛奶和考维曲牛奶巧克力放入微波炉加热化开，取出放于室温下至其温度降至 35℃。
2. 分次加入打发的淡奶油，混合均匀后挤入直径 3 厘米的小圆球模具中，抹平表面，放入冰箱中冷冻。

Ⅵ 淋面

材料

水	270 克
幼砂糖	300 克
葡萄糖浆	300 克
含糖炼乳	200 克
考维曲牛奶巧克力	300 克
吉利丁粉	20 克

制作

> 准备：将吉利丁粉放入 120 克水中浸泡。

1. 将 150 克水、幼砂糖和葡萄糖浆煮至 103℃。

2. 倒入含糖炼乳和考维曲牛奶巧克力中，搅拌均匀，加入泡软的吉利丁粉，混合搅拌后冷藏 24 小时，使用时重新加热至 30℃。

Ⅶ 组合

材料

葡萄糖浆	适量
黑巧克力片	适量
巧克力条	适量
金箔	适量

制作

1. 在香料油酥饼底上面挤上一层酸樱桃泥，用抹刀抹平。

2. 取出烤好的热那亚饼底，从中间切开，用直径 18 厘米的圈模将多余的边角去除，放置在步骤 1 的材料上，表面再抹一层酸樱桃泥。

3. 将脆香饼抹入直径 18 厘米的圈模中，表面挤一层顶级牛奶巧克力慕斯抹平，冷冻成形，脱模，放置在步骤 2 的材料上。

4. 用葡萄糖浆将黑巧克力片粘在挞的一圈上。

5. 取出顶级牛奶巧克力慕斯圆球，在表面淋上一层调好温的巧克力淋面，装饰在慕斯挞的表面。

6. 在表面再装饰上巧克力条和金箔即可。

国王派

🧁 馅料

📋 材料

黄油	100 克
绵白糖	80 克
全蛋	60 克
杏仁粉	65 克
低筋面粉	40 克

🧁 制作

1. 先将黄油与绵白糖搅拌至无干粉状态。

2. 分次加入全蛋,搅拌均匀。

3. 加入低筋面粉与杏仁粉,搅拌均匀。

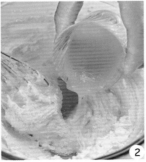

Tips:

需分次加入全蛋液,以免产生油水分离。

II 饼皮及组合

材料

高筋面粉	100 克
低筋面粉	140 克
黄油	25 克
盐	2 克
水	115 克
绵白糖	25 克
黄油（包入）	150 克
蛋黄	适量

Tips：

1. 在制作饼皮的时候，面团的硬度不要太硬。

2. 包入的黄油需要硬一些，在每一次擀压折叠以后必须要松弛一段时间。

3. 挤入的馅料不可太多。

4. 在表面刷两次蛋黄液，烘烤完成以后表面会光滑一些，划的图案也更清晰。

制作

1. 将低筋面粉、高筋面粉过筛后混合均匀，做粉墙状。加入 25 克黄油、盐、绵白糖和水，拌成面团状。

2. 将 150 克凉黄油放在面团上，用擀面棍敲打使其紧贴在面团上，将其擀开成长方形。将两边往中间处折叠，再敲打使面团展开，再折叠，依次折叠 3 次。每进行一次折叠，需放入冰箱中松弛 30 分钟。

3. 最后一次松弛完成后，将面团擀开至 3 毫米厚。

4. 将派盘底放在面皮上，用刀比划着切割出一个圆形面皮（比派底要大）。

5. 在一片面皮上挤入一层馅料（边缘 1 厘米内不挤入）。

6. 在边缘空白处刷上蛋黄液。

7. 再盖上一片面皮，并且将边缘处压紧。

8. 摆入派盘内，在表面刷上蛋黄。

9. 当蛋黄稍有干时再刷上第二次蛋黄，用刀背在表面划出花纹图案。

10. 放入烤箱中，以上下火 180℃烘烤大约 35 分钟左右，待表面呈现深红色即可出炉。

杏仁洋梨派

派皮

材料

黄油	63 克
糖粉	16 克
全蛋	13 克
低筋面粉	100 克

制作

1. 将黄油放在室温下软化，加入过筛的糖粉混合均匀，不需要打发。

2. 加入鸡蛋，混合均匀。

3. 加入过筛的低筋面粉，混合至无干粉状态，成面团。

4. 用保鲜膜包住面团，用擀面杖将其擀压至 3 毫米厚，放入冰箱冷藏 30 分钟以上。取出，按压处合适大小，捏入六寸派盘中。

5. 在面皮底部用工具扎出孔洞，再放入冰箱中，冷藏松弛 20 分钟左右。

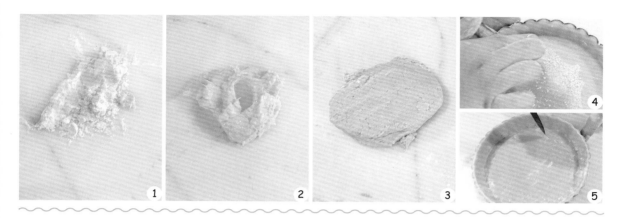

Ⅱ 杏仁洋梨馅及组合

材料

黄油	50 克
糖粉	50 克
全蛋	50 克
杏仁粉	50 克
朗姆酒	5 克
洋梨罐头丁	40 克

制作

1. 将黄油放于室温下软化，加入过筛的糖粉，用手持打蛋机打匀。

2. 分次加入全蛋至体积微蓬松。

3. 加入过筛的杏仁粉，用橡皮刮刀混合拌匀。

4. 加入朗姆酒混合均匀。

5. 将馅料装入裱花袋中，挤入松弛好的派壳内至 1/2 处，在中间摆上洋梨罐头丁。

6. 再挤入一层面糊，放入烤箱内以上火 170℃、下火 160℃，烘烤 30 分钟左右。

7. 出炉后进行装饰即可。

Tips:

在烘烤前，表面也可以撒一些未烘烤过的杏仁片来作为装饰品。

阿尔萨斯派

I 派皮

材料

低筋面粉	250 克
幼砂糖	25 克
盐	5 克
黄油	125 克
蛋黄	1 个
水	适量

制作

1. 将黄油、低筋面粉、幼砂糖和盐一起倒入食品料理机中，搅拌均匀，期间加入适量的水（约 50 克）调节面团的软硬度。

2. 用保鲜膜包裹住面团，放入冰箱中冷藏 2~3 个小时。

3. 取出面团，将其擀薄至 3 毫米厚，用压模压出合适大小放入抹有黄油和面粉（防粘）的派模上，再去除多余的面皮。

II 边菜

材料

苹果	600 克（3 个左右）
柠檬	半个

制作

1. 苹果削皮，裹上柠檬汁（也可将柠檬切开，用力涂抹在苹果块上），切成片块状，放入炒锅中炒熟，摆在面皮上。

III 奶油

材料

糖粉	50 克
牛奶	20 克
淡奶油	15 克
香草精	少许
蛋黄	1 个
全蛋	1 个

制作

1. 将所有原材料用手持料理棒搅拌均匀。

2. 浇在苹果及派上，入炉以上下火 240℃，烘烤 4~6 分钟，然后再用 200℃烘烤 20~30 分钟，出炉后，冷却，脱模即可。

经典蛋糕

　　玛德琳蛋糕的造型像一颗小贝壳，所以也有人称它为贝壳蛋糕，是一款美味和颜值并存的法国风味小蛋糕。

　　这款贝壳蛋糕原本是每家每户都会做的家庭烘烤糕点，后来法国大文豪普鲁斯特把对它的回忆写在了长篇文学巨著《追忆似水年华》里，将贝壳蛋糕推上了世界舞台。

　　关于它的传说依然很精彩，相传在1730年时，美食家波兰王雷古成斯基流亡在梅尔西城，有一天出餐到甜点环节时，自己的私人主厨不见了。这时有个女仆役临时烤了她的拿手小点心送出去应急，没想到竟然很得雷古成斯基的欢心，于是就将女仆役的名字madeleines用在了小点心上，即玛德琳蛋糕。

玛德琳小蛋糕

材料

细砂糖	120 克
低筋面粉	150 克
无盐黄油（软化）	125 克
蜂蜜	20 克
泡打粉	5 克
全蛋	150 克
盐	5 克
柳橙	半个
柳橙皮	少许

制作

1. 将软化的无盐黄油放入盆中，搅拌至发白状态，备用。

2. 将细砂糖和全蛋混合搅拌均匀。

3. 加入盐和蜂蜜，拌匀。

4. 倒入低筋面粉和泡打粉，搅拌至无干粉状态。

5. 加入步骤 1 的材料，混合拌匀。

6. 静置 10 分钟，加入柳橙皮和打好的柳橙汁混合。

7. 将面糊包上保鲜膜，冷藏 24 小时（冷藏使口感更湿润）。

8. 取出，将面糊装入裱花袋中，挤到烤具中至七分满即可，将模具放入烤盘上。

9. 烤箱以 240℃预热 10 分钟，放入蛋糕后将温度下调降至 200℃，烘烤 4~5 分钟；再将烤箱降温到 180℃烘烤 3~5 分钟，移出烤箱后，倒扣放凉即可食用。

巧克力橙味蛋糕

Ⅰ 玛德琳小蛋糕

材料

葡萄干	220 克
糖渍橙皮丁	240 克
耐高温巧克力豆	130 克
低筋面粉	385 克
泡打粉	10 克
可可粉	100 克
黄油	480 克
幼砂糖	480 克
全蛋	490 克
朗姆酒	适量

制作

> 准备：

1. 葡萄干需放入朗姆酒中浸泡一夜再使用。

2. 事先要在模具上涂一层黄油（分量外），撒一些干粉，防粘。

1. 将酒浸葡萄干和切丁的橙皮丁放入微波炉中大火加热两分钟（封口），过滤出果干备用。

2. 将软化的大部分黄油和幼砂糖用扇形搅拌器搅拌至糖化。

3. 分次加入全蛋液，拌匀。

4. 将低筋面粉、泡打粉和可可粉过筛加入其中，搅拌至无干粉状态。

5. 加入耐烘烤巧克力豆和果干拌匀，入模，之后在表面挤上一条软化的黄油（使表面爆口更加漂亮）。

6. 入炉以上下火 180℃ 烘烤 15 分钟后出炉。

Ⅱ 组合

材料

黑巧克力	400 克
葵花籽油	100 克
切碎的烤杏仁	300 克
金箔	适量

制作

1. 将黑巧克力化开，加入葵花籽油、切碎的烤杏仁一起拌匀成黑色淋面，在蛋糕上裹一层。

2. 放在网架上至表面凝固，装饰上金箔即可。

巧克力开心果蛋糕

I 巧克力达克瓦兹蛋糕

材料

杏仁粉	400 克
糖粉	100 克
可可粉	50 克
蛋白	400 克
幼砂糖	300 克

制作

1. 将蛋白放入搅拌桶中慢速打发，分次加入幼砂糖，打发至中性发泡，倒入一个大盆中。
2. 将杏仁粉、糖粉和可可粉混合过筛。
3. 将步骤2的材料倒入步骤1的材料中，用橡皮刮刀搅拌均匀，装入带有圆形花嘴的裱花袋中。

Ⅱ 开心果奶油

材料

黄油	180 克
幼砂糖	200 克
杏仁粉	200 克
全蛋	200 克
低筋面粉	40 克
香草精	5 克
开心果泥	45 克
绿色色素	适量

制作

1. 将软化的黄油、香草精、全蛋、幼砂糖、杏仁粉、开心果泥和过筛的低筋面粉倒入搅拌桶中，用扇形拍慢速搅拌。加入一些绿色色素，拌匀后分别装入裱花袋中，备用。

Ⅲ 特制涂抹黄油

材料

黄油	300 克
低筋面粉	100 克
杏仁片	300 克

制作

1. 将黄油加热化开，加入过筛的面粉，用打蛋器搅拌均匀。

2. 用毛刷将步骤 1 的材料刷一层在"U"型模具的内壁上。

3. 再蘸上一层烘烤过的杏仁片。

Ⅳ 组合

材料

无色镜面果胶	适量
特制涂抹渍油	适量

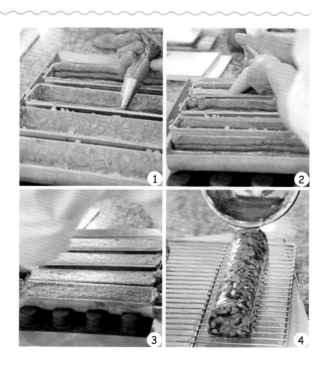

制作

1. 在"U"型模具用特制涂抹黄油涂好，边缘挤上巧克力达克瓦兹蛋糕，挤满整个模具的内壁。

2. 将开心果奶油挤在模具中心处。

3. 再挤入巧克力达克瓦兹蛋糕封底，用抹刀抹平后依次摆放在铺有硅胶垫的烤盘中，放入烤箱中，以上下火 160℃烘烤 30~35 分钟。

4. 取出后室温冷却，脱模，表面淋上一层无色的镜面果胶，即可。

巧克力热舒芙蕾

由蛋黄、牛奶、黄油等一些基本材料制成卡仕达奶油，再与充分打发的蛋白混合拌匀，烘烤出口感无比蓬松、轻盈的蛋糕，即舒芙蕾。它有一触舌尖即融化的绝美滋味，这款美味的甜点，只能在刚出炉之后的 10~20 分钟之内享用，否则就会因为热气的散去随之塌陷，那独特的口感也随之不见。

为什么甜点师会做出这道让人吃完后，感觉好像什么都没吃的舒芙蕾呢？这就要说起当时的社会风气了，当时的人们贪婪无厌、欲求不满。富裕的人花在吃上的时间比工作的时间要多好几倍，往往三四个人的餐会，十几到二十道菜，多得吃不完。吃到最后，宾客都仅意思意思地动动刀叉。宴会结束后，一整个下午，只听见打饱嗝的声音，此起彼伏。这个下午打嗝的社会现象维持了整整半个世纪，直到引起社会清流人士的蜚短流长，方才告一段落。为了矫正败坏的饮食风气，厨师们特地运用无滋无味的蛋白，做成这道美食。

Ⅰ 卡仕达奶油

材料

牛奶	250 克
蛋黄	4 个
细砂糖	30 克
吉士粉	20 克
58% 黑巧克力	65 克

制作

1. 将牛奶入锅中加热；同时将蛋黄和细砂糖搅拌均匀，加入吉士粉，拌匀后，先倒入少许热牛奶，拌匀，然后再与剩余的热牛奶混合，搅拌均匀。
2. 离火，倒入 58% 黑巧克力中，拌匀。

Ⅱ 舒芙蕾及组合

材料

黄油（软化）	适量
细砂糖（涂抹）	适量
蛋白	125 克
细砂糖	30 克
糖粉	适量

制作

1. 将软化的黄油刷一层在舒芙蕾杯的内壁上，然后倒入适量细砂糖，使舒芙蕾杯内壁上粘满砂糖颗粒。
2. 将蛋白与 30 克细砂糖混合打发至蛋白霜硬性发泡，分次拌入卡仕达奶油，搅拌均匀。装入裱花袋中，挤入准备好的舒芙蕾杯中，抹平。
3. 用大拇指在杯子边缘刮一圈，放入风炉中，200℃烤 8 分钟左右。
4. 出炉后，在表面撒上一层糖粉即可。

小贴士

用大拇指在杯子周围刮一圈是为了使舒芙蕾膨胀时不会粘到别的地方，膨胀后成型比较漂亮。

巧克力蛋糕

⒈ 饼底

材料

扁桃仁粉	120 克
糖粉	150 克
全蛋	2 个
蛋黄	4 个
中筋面粉	25 克
可可粉	25 克
蛋白	5 个
细砂糖	60 克

制作

1. 将蛋白打发，分次加入细砂糖，打发至干性发泡；同时将扁桃仁粉、糖粉和蛋黄拌匀，与打发的蛋白混合均匀，再加入全蛋，拌匀即可。

2. 加入中筋面粉、可可粉混合拌匀，分次加入步骤 1 的材料拌匀，将拌好的面糊倒入铺有油纸的烤盘上，抹平，放入风炉中以 180℃烤 8 分钟。

II 糖浆

材料

细砂糖	100 克
水	100 克
朗姆酒	10 克

制作

1. 将细砂糖和水加热煮沸，稍微冷却。
2. 加入朗姆酒，拌匀。

III 甘纳许

材料

淡奶油	300 克
香草精	1 克
考维曲黑巧克力	300 克

制作

1. 将淡奶油和香草精混合，加热至冒泡。
2. 离火，加入考维曲黑巧克力，拌匀。

IV 组合及装饰

材料

黑巧克力	70 克
可可脂	30 克

制作

1. 将饼底切成两块大小一致的长方形，将黑巧克力和可可脂混合化开后抹在上面，倒扣在桌面上。
2. 刷上一层糖浆。
3. 抹上甘纳许，盖上饼底，再刷一层糖浆。
4. 在上面抹一层5毫米厚的甘纳许，用锯齿形刮板在表面划上"s"形，急冻冻硬。
5. 用刀切除周围不规则部分，切成方形，即可摆盘。

大理石芝士蛋糕

Ⅲ 饼干底

材料

奥利奥饼干碎	160 克
黄油	20 克

制作

1. 将黄油加热化开，倒进饼干碎中，混合拌匀。倒进模具中，用钢勺压平备用。

Ⅱ 芝士蛋糕

材料

奶油奶酪	400 克
细砂糖	120 克
全蛋	75 克
淡奶油	100 克
酸奶	30 克
柠檬汁	1 个
柠檬皮屑	1 个
可可粉	适量

制作

1. 将奶油奶酪室温软化和细砂糖搅拌至融合。
2. 依次加入全蛋、淡奶油、酸奶和柠檬汁，用中速搅匀。
3. 取少量步骤2的材料与适量可可粉拌匀备用。
4. 在剩余的步骤2的材料中拌入柠檬皮屑，倒入带有饼底的模具中。
5. 将步骤3的材料装入裱花袋中，在模具中面糊的表面拉出花纹，入烤箱，上上下火150℃，隔水烘烤1小时左右。
6. 出炉，待凉后脱模装饰上新鲜水果即可。

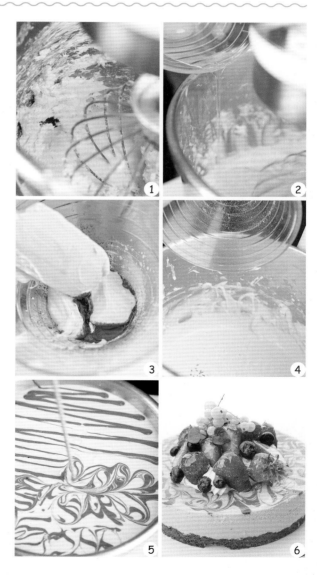

费南雪蛋糕

Ⅰ 蛋糕

材料

杏仁膏	1000 克
全蛋液	500 克
焦黄油	300 克
蜂蜜	30 克
核桃仁	适量

制作

1. 在打蛋桶中加入杏仁膏打软，分次加入全蛋液、蜂蜜和焦黄油（冷却）充分地搅打均匀。

2. 将打好的面糊装入裱花袋中，挤入模具至 1/3 处。

3. 放上核桃仁，放入烤箱中，以上下火 160℃烘烤 10 分钟，出炉，冷却脱模。

Tips:

300 克焦黄油的制作：将 380 克的黄油放入锅中加热至沸腾之后，继续加热大约 6 分钟，再用很细很细的纱布或滤纸进行过滤，就可以制成大概 300 克的焦黄油。

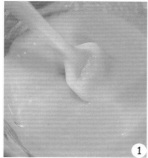

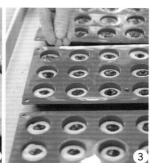

Ⅱ 坚果糖浆

材料

糖浆	200 克
核桃利口酒	175 克
水	70 克

制作

1. 将糖浆和水混合加热，待凉后加入核桃利口酒搅拌均匀即可。

Ⅲ 组合

材料

椰丝	适量

制作

1. 在小蛋糕上面刷上一层坚果糖浆。

2. 在周边装饰上一圈椰丝即可。

巴巴朗姆酒蛋糕

巴巴

材料

水	140 克
牛奶	70 克
黄油	150 克
中筋面粉	500 克
酵母	30 克
盐	6 克
细砂糖	30 克
全蛋	200 克

制作

1. 将酵母和少许水拌匀，倒入搅拌缸中，加入盐、细砂糖和中筋面粉一起搅拌均匀。

2. 分次加入全蛋液，搅拌均匀后加入牛奶和剩余的水，拌匀。

3. 加入软化的黄油，继续打发，至面糊变得越来越粘，有筋性。

4. 用挤丸子的手法将面糊挤出规则的小球，放入烤盘中的模具中，放在室温下松弛片刻 15 分钟。

5. 用手蘸水，将表面按平，放入 28℃的发酵箱中，醒发 45 分钟左右。再放入风炉中，以 200℃烘烤 15 分钟，再降温至 180℃烘烤 10 分钟即可。

1. 全蛋液、牛奶和水一定都要分次慢慢加入。

2. 巴巴面糊需要筋度，所以面粉一般选择用中筋面粉，也可以用高筋面粉代替。

小贴士

Ⅱ 吉布斯特奶油

材料

①卡仕达奶油

牛奶	250 克
蛋黄	4 个
细砂糖	30 克
玉米淀粉	20 克
吉利丁片	20 克

（提前用冰水泡好）

| 香草精 | 少量 |

②意式蛋白霜

蛋白	100 克
细砂糖	200 克
水	70 克

制作

1. 制作卡仕达奶油：将牛奶、细砂糖、蛋黄和玉米淀粉加入锅中，边加热边搅拌，加入少量香草精，至沸腾时，离火，加入泡软的吉利丁片，搅拌均匀。

2. 制作意式蛋白霜：将蛋白打发至干性发泡；同时将幼砂糖和水熬煮至120℃后冲入打发的蛋白中，继续高速搅打至蛋白呈现鸡尾状即可。

3. 分次将意式蛋白霜倒入卡仕达奶油中，搅拌均匀即可。

Ⅲ 糖浆

材料

水	200 克
细砂糖	200 克
柠檬	1 个
橙子	半个

制作

1. 将水和细砂糖放入锅中加热。将柠檬切开，汁水挤入锅中，一起加热至沸腾，然后把半个橙子的汁也挤入锅中，再次煮开后约 1 分钟，过滤到盆中备用。

Ⅳ 组合

材料

朗姆酒	适量
百香果镜面果胶	适量

制作

1. 将烤好的巴巴出炉脱模冷却，放在一个网筛上，下面再放一个稍大的盆，然后将煮好的糖浆倒在巴巴上，收取沥下的糖浆继续倒在巴巴上，一直重复此动作将巴巴浸透。然后在糖浆中倒入适量朗姆酒，放入巴巴继续浸泡。

2. 在巴巴上刷上百香果镜面果胶，放在盘中，盘中装饰上水果，用裱花袋在巴巴上挤上吉布斯特奶油，用火枪轻轻地在奶油上烧一下即可。

Tips:

1. 用糖浆浸泡巴巴的时候时间要稍微久一点，可以让巴巴充分吸收糖浆水分。

2. 在巴巴表面刷镜面果胶可以使其光亮，色泽更加诱人。

黑森林

　　在德国西南部，从巴登巴登（BadenBaden）往南一直到弗莱堡（Freiburg），都属黑森林区。相传，每当樱桃成熟时，贤惠的农妇不仅将过于成熟的樱桃做成果酱，还会将其放在蛋糕的夹层中，再进行精心装饰。并且在打发鲜奶油的时候会在奶油中加入大量的樱桃汁；在制作蛋糕坯时也会加入大量的樱桃元素。这种类型的蛋糕，在地区之间慢慢传播，并广为流传，被称为黑森林蛋糕。

　　很多甜品师傅在制作黑森林的时候，都会在其表面撒上厚厚的一层黑色巧克力碎屑，这些巧克力碎屑使人想起美丽的黑森林。所以，有很多人认为，黑森林是由此得名的。其实，做黑森林蛋糕，最重要的是其中鲜美无比的黑樱桃。

　　在德国本部，许多高档的酒店或者是甜品店中的黑森林蛋糕，使用的也是黑森林地区所产的黑樱桃。

I 巧克力蛋糕

蛋白	80 克
细砂糖	80 克
蛋黄	70 克
玉米淀粉	10 克
低筋面粉	20 克
可可粉	20 克
黄油	38 克

制作

1. 将蛋白打发，细砂糖分 3 次加入其中，一起打发至湿性发泡。
2. 将蛋黄打发至浓稠。
3. 将打发好的蛋白分两次与蛋黄混合，用橡皮刮刀翻拌混合均匀。
4. 将玉米淀粉、低筋面粉和可可粉过筛加入其中，用橡皮刮刀翻拌均匀。
5. 黄油隔水化开，温度在 45~50℃之间，取部分面糊加入黄油中完全混合均匀后，再倒回剩余面糊内，用橡皮刮刀翻拌均匀。
6. 倒进内壁上贴有油纸的六寸慕斯圈中，放入烤箱以上下火 170℃，烘烤 50~55 分钟，至产品完全成熟，出炉后轻震出热气，冷却备用。

II 糖浆

材料

细砂糖	70 克
水	70 克
樱桃酒	12 克

制作

1. 将细砂糖和水放入锅内，煮至 105℃左右，离火。
2. 冷却后，加入樱桃酒混合均匀备用。

Ⅲ 樱桃鲜奶油

材料

淡奶油	375 克
香草荚	1/2 根
吉利丁片	3 克
（需用凉水浸泡）	
樱桃酒	6 克

制作

1. 取 50 克淡奶油放入锅内，将香草荚刨开取出香草籽与荚壳一起加入锅中，煮开。
2. 离火，冷却至 60℃ 左右后，加入泡软的吉利丁片化开拌匀。
3. 继续冷却至 30℃ 左右，加入樱桃酒，混合均匀。
4. 将 325 克淡奶油打发，分次与步骤 3 的材料拌匀备用。

Tips:

吉利丁片在使用之前要用冰水泡软。

Ⅳ 组合及装饰

材料

黑巧克力	50 克
酒渍樱桃	80 克
糖粉	10 克

制作

1. 将蛋糕坯均匀地横切成 4 块。
2. 在一片蛋糕片上刷一层糖浆，再用抹刀抹上一层樱桃鲜奶油，摆上适量的酒渍樱桃，再覆盖上一层蛋糕坯，重复以上的动作至盖上最后一片蛋糕坯（最表面的蛋糕坯不用放酒渍樱桃），最后用黑巧克力和糖粉装饰即可。

小贴士

1. 糖浆适量多刷一些，蛋糕坯的口感会更加湿润。
2. 在制作蛋糕坯时，加入黄油后不要搅拌太久，以免消泡影响成品美观度。

加利福尼亚水果蛋糕

材料

淡奶油	250 克
蛋黄	60 克
全蛋	120 克
幼砂糖	100 克
杏仁粉	70 克
高筋面粉	20 克
泡打粉	5 克
杂果皮	200 克
朗姆酒	适量
打发的鲜奶油	200 克
新鲜水果	适量

制作

1. 将粉类材料拌匀，过筛备用。
2. 将全蛋、蛋黄与幼砂糖搅打至乳化，加入淡奶油拌匀。
3. 将粉类材料倒入蛋糊中，拌匀。
4. 取少量面糊与朗姆酒腌渍的杂果皮拌匀，挤入模具至1/4的位置。
5. 再用剩余的步骤3的材料（无果皮面糊）倒入模具至八分满，再入炉以上下火180℃，烘烤18分钟出炉冷却。
6. 冷却完成之后在表面挤上打发的鲜奶油，放上切好的新鲜水果即可。

Tips:

杂果皮要用朗姆酒浸泡一夜，然后捞出沥水备用。

焦糖蛋糕

材料	
黄油	380 克
幼砂糖	420 克
全蛋	360 克
蛋黄	120 克
低筋面粉	250 克
泡打粉	5 克
蛋糕碎屑	200 克
淡奶油	150 克
幼砂糖	150 克
苹果块	300 克
幼砂糖（装饰）	适量

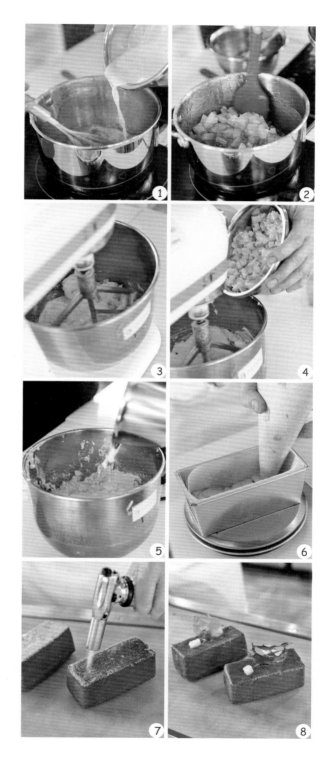

制作

1. 将 420 克幼砂糖倒入糖锅中加热至焦糖色，加入温热的淡奶油搅拌均匀。

2. 加入苹果块翻炒均匀，备用。

3. 将黄油和 150 克幼砂糖倒入搅拌桶中，用扇形搅拌器打至糖化，加入一部分全蛋与蛋黄的蛋液混合物拌匀。

4. 加入蛋糕碎拌匀，然后加入剩余蛋液，拌匀后取下搅拌桶。

5. 加入粉类，用橡皮刮刀拌匀，最后加入焦糖苹果拌匀。

6. 将面糊挤入内部贴有油纸的模具中，放入风炉中，以 150℃烘烤 1 小时。

7. 烘烤完成后，冷却，脱模，在蛋糕体的底部均匀的撒上一层砂糖，然后用小型喷火枪将上面的砂糖烧化，烧出浅浅的焦糖色作为展示面。

8. 取适量的幼砂糖放在不沾烤盘上，用火枪烧化，自然成型后冷却，取下装饰在蛋糕上即可。

沙哈蛋糕

蛋糕坯

材料

黄油	71	克
糖粉	21	克
蛋黄	60	克
黑巧克力	71	克
蛋白	92	克
细砂糖	98	克
低筋面粉	71	克

制作

1. 将黄油和黑巧克力一起隔水化开，拌匀。

2. 加入过筛后的糖粉，用橡皮刮刀拌匀。

3. 加入过筛的低筋面粉，用搅拌球搅拌至无大颗粒面粉。

4. 分次加入蛋黄，拌匀。

5. 将蛋白和细砂糖打至中性发泡，提起打蛋器，蛋白能呈现一个鸡尾状。

6. 将步骤5的材料分次加入步骤4的材料中，用橡皮刮刀混合均匀。

7. 倒入模具中，抹平，送进烤箱，以上下火180℃烘烤25分钟，出炉晾凉。

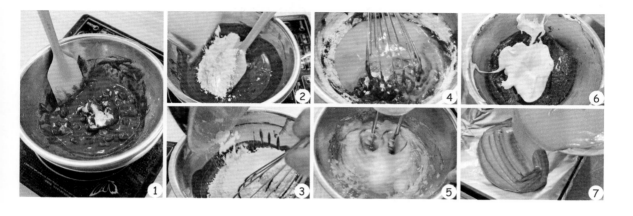

Ⅱ 甘纳许

材料

淡奶油	200 克
黑巧克力	100 克
牛奶巧克力	100 克

制作

1. 淡奶油煮至80℃，冲入黑巧克力和牛奶巧克力混合物中，静置1分钟后用橡皮刮刀充分地拌匀。

Ⅲ 组合

材料

新鲜覆盆子　　适量

制作

1. 将晾凉的沙哈蛋糕坯脱模，用锯齿刀均匀地分切成两片。

2. 将切好的一片蛋糕坯放进模具中，倒进一层甘纳许，抹平。

3. 放上另一片蛋糕坯，轻轻地压一压，再倒入一层甘纳许，抹平冷冻至表面凝结。

4. 将剩余的甘纳许装进裱花袋中，在表面挤上字母，并在表面点缀上新鲜覆盆子装饰即可。

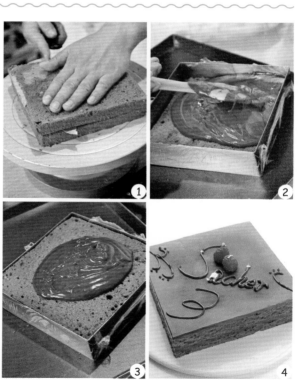

巴斯克蛋糕

材料

低筋面粉	300 克
细砂糖	120 克
无盐奶油	120 克
蓝莓果酱	200 克
泡打粉	5 克
食用盐	2 克
蜂蜜	10 克
郎姆酒	10 克
全蛋	46 克
蛋黄	35 克
（15 克做涂抹用）	

1. 无盐奶油切成小块放入大碗内在室温软化，并用搅拌球搅拌至发白。

2. 加入细砂糖，继续搅拌至糖化。

3. 加入全蛋和 20 克蛋黄搅拌均匀。

4. 加入朗姆酒拌匀。

5. 将低筋面粉、泡打粉、食盐混合过筛，加入步骤 4 的材料中。

6. 用手混合均匀，成一个面团，包上保鲜膜放冷藏 1 小时。

7. 在烤模底部抹上黄油。

8. 用擀面棍将面团擀开至 3 毫米厚，并选取合适大小放入烤模中。

9. 放入蓝莓果酱抹平。

10. 再放上另一片擀平的面皮，把边缘的面皮均匀的塞进塔里。

11. 在表面刷上一层蛋黄液。

12. 用叉子画上直线长条纹。

13. 放入烤箱中，以 150℃烘烤 1 小时，移出烤箱后放凉，脱模，切片即可。

小贴士

1. 蛋糕烘烤时若表面着色太快，可在上方铺一张锡箔纸隔热。

2. 蓝莓果酱可换成其他口味的果酱，根据个人口味而定。

波尔多可丽露

　　这款甜点的名称原为"Cannelé"，经过中文翻译，即成了可丽露。

　　可丽露源自于法国波尔多地区，是一款香草小蛋糕，无需打发任何原料，加入大量的牛奶，经过长时间的烘烤之后，形成了外焦里嫩的独特风格。外皮烘烤到了焦黑酥脆的状态，内部则是软糯香甜的。

　　大家都知道波尔多盛产红酒。在没有机器设备的时代，法国人把蛋白充分打发成坚硬的蛋白霜，加入红酒中，用以过滤其中的杂质。所以就剩下了很多的蛋黄，于是就有人用蛋黄、牛奶、面粉来做蛋糕，这就造就了可丽露的前世。在19世纪，香草和朗姆酒通过航运到达了波尔多港口，为可丽露增加了更美妙的风味。

　　由于烘烤完成之后的可丽露蛋糕还是比较软，并且为了造就它外焦里嫩的风格，在模具的选用上就得用导热性能快，并不会晃动的模具，比如铜制的可丽露模具。

材料	牛奶	250 克
	无盐奶油	25 克
	盐	5 克
	高筋面粉	55 克
	细砂糖	125 克
	蛋黄	50 克
	香草荚	1 根
	白兰地	10 克
	黄油（涂抹）	适量

制作

1. 在锅里放入牛奶和盐加热，放入无盐奶油和香草荚，煮至沸腾后离火，过滤。

2. 冲入蛋黄中，搅拌至混合。

3. 加入细砂糖、高筋面粉拌匀，过滤（使面糊更细腻）。

4. 覆上保鲜膜，冷藏静置一夜。

5. 加入白兰地拌匀。

6. 在模具中涂上一层黄油，将步骤5的材料倒入模具中约九分满。

7. 放入烤箱中，先以240℃烘烤10分钟，再用180℃继续烤75分钟（其中烘烤至20分钟左右时，可露丽会凸出模具，需将其取出散发热气，再放入模具中用小勺轻轻往下压，使其缩回）。移出烤箱后，倒扣静放，冷却脱模，即可食用。

Tips:

1. 面糊静置一夜，可以使内部组织更加细腻稳定。

2. 先以高温烘烤可以让面糊表面形成一层焦糖外皮，再调小温度以文火烤熟内馅。烘烤中会稍微出油并凸起，但在烘烤后段，形状也会缩小，属于正常现象。

组合蛋糕

覆盆子白巧克力杯子甜点

| 白巧克力慕斯

材料

牛奶	297 克
幼砂糖	50 克
蛋黄	78 克
吉士粉	23 克
可可脂	67 克
白巧克力	400 克
打发的淡奶油	1210 克

制作

1. 将幼砂糖和蛋黄搅拌至乳化发白，加入吉士粉一起拌匀。

2. 将牛奶加热，取少量冲入步骤 1 的材料中，搅拌均匀，然后与剩余的热牛奶混合，继续加热，搅拌至浓稠，离火。

3. 将可可脂和白巧克力稍微化开，倒入步骤 2 的材料中，快速搅拌，然后倒入盆中降温至 30℃。

4. 加入打发的淡奶油，混合均匀。

Ⅱ 覆盆子水果软糖

材料

覆盆子果蓉	400 克
NH 果胶粉	11 克
幼砂糖	495 克
葡萄糖浆	100 克
酒石酸溶液	100 克

制作

1. 将覆盆子果蓉入锅加热至 50℃左右，倒入 NH 果胶粉和 45 克幼砂糖，边加热边搅拌均匀。

2. 分次将 450 克幼砂糖和葡萄糖浆加入步骤 1 的材料中，混合拌匀，低火熬至 106℃，用糖度测量仪测量糖度至 75° 左右时，加入酒石酸溶液混合拌匀。

3. 倒入烤盘中，抹平（厚度约 3 毫米），急冻成型。

  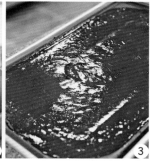

Tips:

NH 果胶粉和 45 克细砂糖要提前混合拌匀。

Ⅲ 组合

材料

覆盆子果蓉	300 克
新鲜覆盆子	200 克
圆形巧克力装饰件	适量

制作

1. 用大小不同的圈模将冻好的覆盆子水果软糖刻出形状。

2. 贴在杯壁上，并且在杯子底部放一片。

3. 在杯中挤入覆盆子果蓉，摆放上几颗新鲜覆盆子。

4. 将白巧克力慕斯装入带有锯齿型花嘴的裱花袋中，挤入杯中至杯口处。

5. 再装饰上巧克力配件即可。

Tips:

覆盆子果蓉要提前加热化开。

酸奶乳酪慕斯

I 巧克力蛋糕底

材料

黑巧克力	105 克
蛋黄	45 克
杏仁粉	105 克
蛋白	165 克
细砂糖	45 克

制作

1. 将黑巧克力放入盆中，隔水加热化开。

2. 加入蛋黄，混合拌匀。

3. 加入杏仁粉，拌匀。

4. 将细砂糖放入蛋白中，打发至中性发泡。

5. 将打发好的蛋白分次加入面糊中，混合拌匀。

6. 倒入铺好高温布的烤盘中抹平，送入烤箱中，以上下火 180℃烘烤 20 分钟左右。

Ⅱ 酸奶乳酪慕斯

材料

奶油奶酪	105 克
细砂糖	30 克
酸奶	105 克
吉利丁片	6 克
打发的淡奶油	90 克
巧克力饼干	适量

Tips:

1. 吉利丁片要在使用前用冰水泡软。

2. 奶油奶酪要在使用前软化。

制作

1. 将细砂糖与奶油奶酪一起混合打发至柔软状态。

2. 分次加入酸奶，混合打软。

3. 将泡软的吉利丁片放入锅中，隔水加热至完全化开，与步骤 2 的材料混合均匀。

4. 与打发的淡奶油混合均匀，装入裱花袋中。

5. 挤入模具中一半的高度。

6. 在中间放入掰断的巧克力饼干。

7. 再将浆料挤入模具中，达到模具的八分满，放上一片蛋糕底，送入冷冻柜中冷冻成型。

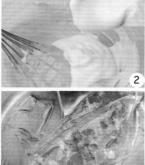

Ⅲ 组装

材料

可可脂	100 克
白巧克力	100 克
黄色色粉	适量
巧克力酱	适量
金箔	适量

制作

1. 将可可脂和白巧克力一起放入锅中，隔水加热至完全化开。

2. 取少量可可混合物与色粉混合拌匀至完全没有颗粒，再与剩余的可可混合物用手持料理棒搅打混合。

3. 装入巧克力喷枪中，喷在慕斯表面。

4. 中间挤上巧克力酱，点缀上金箔即可完成。

白巧克力樱桃慕斯

Ⅰ 酸樱桃夹心

材料

酸樱桃酱	110 克
水	75 克
幼砂糖	9 克
琼脂	2.5 克

制作

1. 将琼脂放入一盆凉水（分量外）中浸泡至透明，放入锅中，再加入酸樱桃酱。
2. 加入水和幼砂糖一起混合。
3. 加热煮至沸腾，离火。
4. 略微冷却后，填入模具中放入冰箱中冷冻。

Ⅱ 杏仁蛋糕底

材料

蛋黄	50 克
幼砂糖	65 克
蛋白	110 克
低筋面粉	30 克
杏仁粉	35 克

制作

1. 将蛋黄与 30 克的幼砂糖混合，用手提打蛋器打发至发白。
2. 加入杏仁粉和低筋面粉一起混合，拌匀成面糊。
3. 将蛋白与 35 克的幼砂糖一起打发至中性发泡。
4. 分次将蛋白加入面糊中，混合拌匀。
5. 将面糊放入铺有高温布的烤盘中，抹平，入烤箱，以 200℃烘烤 10 分钟左右即可。

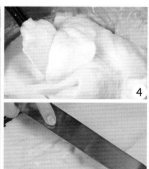

Ⅲ 白巧克力慕斯

材料

牛奶	45 克
蛋黄	15 克
幼砂糖	9 克
吉利丁片	8 克
白巧克力	40 克
打发的淡奶油	180 克

制作

1. 将蛋黄与幼砂糖放在一起混合拌匀。

2. 倒入牛奶中混合拌匀，隔水加热并搅拌，至浆料达到 80~90℃左右停火。

3. 加入白巧克力利用余温将白巧克力化开。

4. 再加入泡软的吉利丁片化开。

5. 浆料略微冷却后，加入打发的淡奶油混合拌匀。

Tips:

吉利丁片要在使用前用冰水泡软。

  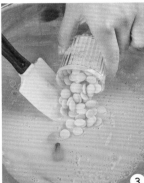 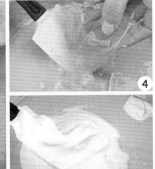 

Ⅳ 组合

材料

圆形巧克力片　适量

制作

1. 将完成的白巧克力慕斯挤入模具中至一半的高度。

2. 中间放入一片凝固的酸樱桃夹心。

3. 再将剩余的巧克力慕斯浆料挤至模具中约八分满。

4. 用小号的压模压出蛋糕底，放在慕斯上，轻轻地压一下，送入冷冻柜中冷冻。

5. 成形后脱模，放上巧克力片装饰即可。

   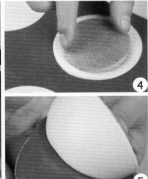

草莓蛋糕

Ⅰ 扁桃仁饼底

材料

全蛋	320 克
蛋黄	40 克
细砂糖	220 克
香草精	3 克
扁桃仁粉	80 克
低筋面粉	210 克
牛奶	75 克

制作

1. 将全蛋、蛋黄、细砂糖搅拌均匀后快速打发，再换中速打至半流体状。

2. 加入过筛的扁桃仁粉、低筋面粉，拌匀。

3. 取一部分面糊与牛奶、香草精拌匀，再与其余的面糊翻拌均匀，倒入烤盘中，抹平，放入风炉中，以170℃烘烤10分钟。

Ⅱ 樱桃慕斯琳奶油

材料

淡奶油	60 克
牛奶	480 克
细砂糖	140 克
蛋黄	100 克
玉米淀粉	30 克
吉士粉	30 克
香草精	适量
黄油	288 克
橄榄油	32 克
樱桃烧酒	32 克

制作

1. 将淡奶油、牛奶、橄榄油加热至80℃。

2. 将蛋黄、细砂糖拌匀后加入香草精、玉米淀粉、吉士粉，拌匀。

3. 将步骤1的材料与步骤2的材料混合，搅拌均匀，重新加热用低火收稠，离火降温至35℃。

4. 分次加入黄油，搅打均匀，最后加入樱桃烧酒拌匀。

Ⅲ 糖浆

材料

33° B 糖浆　90 克
樱桃烧酒　　15 克

制作

1. 将 33° B 糖浆与樱桃烧酒混合均匀（刷扁桃仁饼底用）。

Ⅳ 组合

材料

草莓　　　　　适量
蓝莓　　　　　适量
巧克力装饰件　适量
红色镜面果胶　适量

制作

1. 将扁桃仁饼底放入 6 寸慕斯圈模中，表面刷上糖浆。

2. 挤入一层樱桃慕斯琳奶油。

3. 表面放一层草莓。

4. 依次再挤上一层樱桃慕斯琳奶油，盖上一片扁桃仁饼底，刷一层糖浆，抹一层薄薄的樱桃慕斯琳奶油，冷藏 1 小时。

5. 在表面抹上一层红色镜面果胶，脱模。

6. 再摆上蓝莓等装饰品即可。

顶级皇家巧克力慕斯

Ⅰ 无面粉巧克力饼底

材料

蛋白	500 克
幼砂糖	555 克
蛋黄	355 克
可可粉	160 克

制作

1. 将蛋白打发，并分次加入幼砂糖，至干性发泡。

2. 加入蛋黄，拌匀，再加入可可粉，拌匀。

3. 将打好的面糊装入裱花袋，用绕圈的方式将面糊挤入烤盘中，放入烤箱，以 200℃烘烤 10 分钟，出炉后放在网架上冷却。

Tips:

1. 将面糊挤入裱花袋的时候速度要快，防止蛋白消泡。

2. 由于此配方中不含面粉，因此烘烤的时间不要过长。

Ⅱ 巧克力慕斯

材料

全蛋	800 克
幼砂糖	250 克
水	80 克
可可粉	100 克
黄油	150 克
2% 黑巧克力	600 克
吉利丁片	40 克
打发的淡奶油	1000 克

制作

1. 将幼砂糖和水煮至 120℃；同时将全蛋（常温）打发，冲入 120℃的糖水，快速混合打发。

2. 将黄油和黑巧克力隔水化开。

3. 将吉利丁片先在冰水中泡软，然后小火加热使其化开，倒入黄油巧克力的混合物中拌匀，加入可可粉搅拌均匀。

4. 将淡奶油打发，并分次与步骤 3 的材料拌匀。

Tips:

1. 吉利丁片在使用前要用冰水泡软。

2. 使用常温的鸡蛋，有利于打发。

Ⅲ 巧克力配件

材料　黑巧克力　适量

制作

1. 取空烤盘放入急冻柜中5分钟；将适量黑巧克力化开，倒在冷冻好的烤盘上，抹开。
2. 用铲刀迅速铲起。
3. 并用手捏出花状。

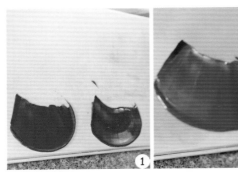

Tips:

整个过程中的动作要非常快，否则烤盘的温度上升，巧克力就不易凝固、塑形了。

Ⅳ 组合

材料　可可粉　适量
　　　糖粉　　适量

制作

1. 用圈模去除无面粉巧克力饼底的边角料，依次将三层饼底和三层慕斯放入圈模中，抹平，放入冰箱中急冻。
2. 冷藏好后，用火枪脱模，边缘抹上一层冷藏的慕斯。无需抹得特别均匀光滑，随意一些即可。
3. 在边缘筛上少量的可可粉（此时不能再急冻），放在甜点垫上。
4. 将巧克力慕斯装入带有大号圆花嘴的裱花袋中，在蛋糕顶部边缘挤一圈。
5. 装饰上巧克力花配件，筛上可可粉和糖粉即可。

覆盆子白巧克力慕斯

I 杏仁酥粒

材料

低筋面粉	50 克
黄油	50 克
幼砂糖	50 克
杏仁粉	75 克

制作

1. 将黄油软化，搅拌均匀后，加入幼砂糖继续搅打至微发。

2. 加入杏仁粉混合。

3. 加入低筋面粉，拌匀成面团。

4. 将面团捏成小酥粒，放在烤盘中，入烤箱，以上下火160℃烘烤 7 分钟左右。

II 香草白巧克力慕斯

材料

牛奶	55 克
香草荚	1/5 根
吉利丁片	1.6 克
白巧克力	60 克
打发淡奶油	75 克

Tips:
吉利丁片要在使用前用冰水泡软。

制作

1. 将香草荚对半切开，刮出香草籽，连同香草荚外壳一起放入牛奶中。

2. 加热至 70℃左右停火，加上盖子焖 5~10 分钟，当香草的香味明显地散发出后，去除香草荚外壳，加入泡软的吉利丁片化开拌匀。

3. 加入白巧克力，混合搅拌至巧克力完全化开。

4. 冷却，加入打发好的淡奶油混合拌匀。

Ⅲ 覆盆子果冻

材料

覆盆子果蓉	50克
幼砂糖	5克
吉利丁片	2克

制作

1. 将覆盆子果蓉与幼砂糖一起放入锅中，加热至沸腾后关火。
2. 加入泡软的吉利丁片化开拌匀即可。

Tips:

吉利丁片要在使用前用冰水泡软。

Ⅳ 组合

材料

西米	适量
草莓	适量
薄荷叶	适量

制作

1. 将甜品杯斜放，摆放上一层酥粒。
2. 在甜品杯的酥粒表面摆放上一层覆盆子果肉，加入稍许香草白巧克力慕斯用以凝固酥粒和果肉（倾斜着凝固）。
3. 将香草白巧克力慕斯挤入甜品杯中至七分满，送入冷冻柜中冷冻使慕斯凝固。
4. 最后在慕斯表面淋上一层覆盆子果冻，送入冷冻柜中冷冻，表面果冻凝固后，在表面摆上西米、草莓和薄荷叶装饰即可。

黑加仑椰奶慕斯

Ⅰ 黑加仑慕斯

材料

黑加仑果酱	130 克
桑子果酱	20 克
吉利丁片	7 克
打发的淡奶油	163 克
黑加仑浓缩果汁	10 克
柠檬汁	4 克

制作

> 准备：吉利丁片要在使用前用冰水泡软。

1. 将黑加仑果酱与桑子果酱一起放入锅中混合拌匀，加热至 60℃左右停火。

2. 加入泡软的吉利丁片搅拌至胶体完全化开，拌匀。

3. 加入柠檬汁和黑加仑浓缩果汁，混合拌匀。

4. 再加入打发的淡奶油混合拌匀即可。

Ⅱ 可可蛋糕底

材料

蛋白	147 克
幼砂糖	50 克
蛋黄	75 克
可可酱	37 克
可可粉	18 克

制作

1. 将蛋白和 35 克幼砂糖一起打发至中性发泡。

2. 将蛋黄与 15 克幼砂糖、可可酱一起混合，打发至表面发白。

3. 取 1/3 量的打发蛋白与步骤 2 的材料混合拌匀，再与剩余的蛋白中混合均匀。

4. 将可可粉过筛，加入其中拌匀。

5. 倒入铺有高温布的烤盘中，抹平，入烤箱，以上下火190℃烘烤 10 分钟左右，出炉晾凉使用。

   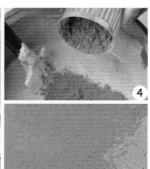

Ⅲ 椰奶慕斯

材料

椰浆	80 克
菠萝汁	85 克
幼砂糖	50 克
吉利丁片	11 克
打发的淡奶油	140 克

制作

> 准备：吉利丁片要在使用前用冰水泡软。

1. 将椰浆、菠萝汁和幼砂糖一起放入锅中，加热至沸腾后停火。

2. 加入泡软的吉利丁片化开。

3. 冷却至 30℃左右时，加入打发好的淡奶油混合拌匀即可。

 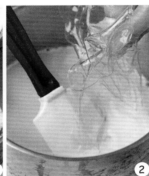 

Ⅳ 组合

材料

巧克力装饰件	适量
糖丝件	适量

制作

1. 将可可蛋糕底切出两块大小合适的块（与模具相同），取一块放入模具底部，将黑加仑慕斯挤入模具中至一半的高度。

2. 放上另一块蛋糕，送入冷冻柜中冷冻。

3. 将椰奶慕斯填入表面，抹平后送入冷冻柜中冷冻。

4. 成形后取出，切成长条，在表面装饰即可。

巧克力坚果慕斯

Ⅰ 巧克力坚果

材料

黑巧克力	28 克
牛奶巧克力	28 克
杏仁酱	70 克
杏仁碎	50 克

制作

1. 将黑巧克力与牛奶巧克力一起隔水化开。

2. 加入杏仁酱，混合拌匀。

3. 将整颗的杏仁切碎，放入其中，拌匀。

4. 倒入底部包有保鲜膜的模具中铺平，送入冰箱中冷冻成形。

Ⅱ 巧克力慕斯

材料

黑巧克力	42 克
牛奶巧克力	42 克
打发淡奶油	190 克

制作

1. 将黑巧克力与牛奶巧克力一起放入锅中，隔水加热至完全化开。

2. 冷却到 37℃左右，加入打发好的淡奶油混合拌匀。

Tips：

因为这个配方中的巧克力含量比较多，所以不需要吉利丁。

Ⅲ 杏仁蛋糕底

材料

蛋白	120 克
砂糖	50 克
糖粉	40 克
杏仁粉	46 克
低筋面粉	22 克
淡奶油	12 克
橙色糖果	20 克
糖粉	适量

制作

1. 将蛋白与砂糖一起混合打发。
2. 加入糖粉、低筋面粉、杏仁粉，混合拌匀。
3. 再将淡奶油慢慢加入其中，混合均匀。
4. 最后加入切碎的橙色糖果，拌匀。
5. 倒入铺有高温布的烤盘中抹平，表面再筛上一层糖粉，送入烤箱中，以 190℃烘烤 10 分钟左右。

   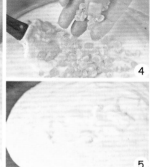

Ⅳ 组合

材料

打发淡奶油	适量
肉桂粉	适量
巧克力装饰件	

制作

1. 在巧克力坚果表面上，放一块切好的杏仁蛋糕底。
2. 挤入巧克力慕斯将模具填满，用抹刀抹平表面，送入冷冻柜中冷冻。
3. 成形后取出，脱模，并将慕斯切出长条块。
4. 在表面用打发好的淡奶油挤出纹路。
5. 筛上一层肉桂粉装饰，最后装饰上巧克力装饰件即可完成。

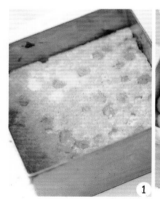   

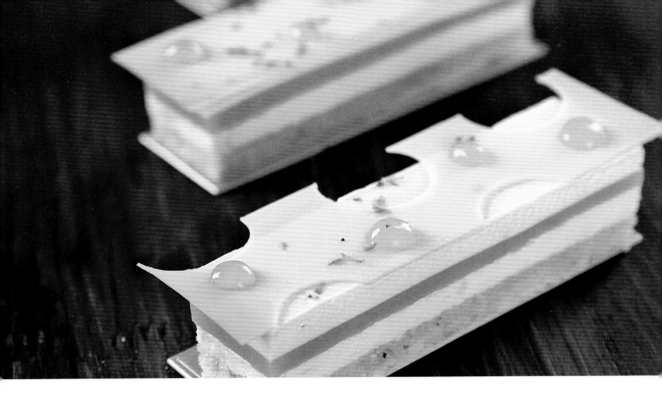

热带芝士蛋糕

❶ 青柠扁桃仁海绵蛋糕饼底

材料

糖粉	425 克
扁桃仁粉	425 克
低筋面粉	115 克
全蛋	570 克
蛋白	380 克
幼砂糖	60 克
黄油	85 克
柠檬皮屑	1 克

制作

1. 将糖粉和扁桃仁粉混合拌匀。

2. 分两次加入全蛋，中速搅拌混合后，加入低筋面粉搅拌。

3. 加入柠檬皮屑，混合搅拌。

4. 将蛋白和幼砂糖放入另一个搅拌桶中，打发至中性发泡，再分次与步骤 3 的材料混合均匀。

5. 将黄油倒入锅中加热化开（40℃左右），与步骤 4 的材料分次混合均匀。

6. 倒入烤盘中，入烤箱以上下火 180℃烘烤 10 分钟。

 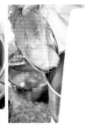    

II 芒果菠萝冻

材料

黄油	100 克
速冻菠萝	715 克
速冻芒果	715 克
幼砂糖	300 克
NH 果胶粉	16 克
吉利丁片	10 克

制作

> 准备：吉利丁片在使用前要用冰水泡好。

1. 将黄油隔水加热化开，倒入锅中。

2. 加入速冻的菠萝和芒果块，用木铲翻炒。

3. 将 NH 果胶粉和幼砂糖混合拌匀后加入步骤 2 的材料中，搅拌均匀。

4. 倒入粉碎机中，打成糊状，取出后再次加热 3~4 分钟，需要不停翻炒。

5. 加入泡软的吉利丁片，加热化开拌匀。

6. 倒入软硅胶烤垫中，抹平（厚度 2 厘米左右），送进急冻冰箱中冻硬。

III 芝士蛋糕慕斯

材料

水	165 克
幼砂糖	360 克
全蛋	400 克
吉利丁片	27 克
奶油芝士	580 克
打发淡奶油	1000 克

制作

> 准备：吉利丁片在使用前要用冰水泡好。

1. 将水和幼砂糖放入锅中，加热至 110℃。

2. 将全蛋倒入搅拌桶中打发。

3. 将糖浆冲进打发的蛋黄中高速打发混合，再中速搅拌降温。

4. 将奶油芝士入锅加热，大力搅拌至软化。

5. 吉利丁片泡软后去水，小火加热至化开，倒入奶油芝士中，混合均匀。

6. 将步骤 3 的材料分次倒进步骤 5 的材料中，混合拌匀，再分次与打发淡奶油混合拌匀即可。

 Ⅳ 糖浆

📋
材
料

30° B 糖浆　　300 克
柠檬汁　　　　60 克

🧁
制
作

1. 将糖浆和柠檬汁混合加热，
　　煮至温度 117℃。

 Ⅴ 组合

📋
材
料

打发淡奶油　　　适量
白巧克力装饰件　适量

🧁
制
作

1. 在饼底表面刷一层糖浆，放入框架内。

2. 将做好的菠萝芒果冻抹平急冻后取出，用模具压出大小
　　（与框架大小相同）。

3. 将芝士蛋糕慕斯倒入做好的饼底上，抹平。放上"步骤2"，
　　再将剩余的芝士慕斯抹在表面，用曲柄抹刀刮平（抹刀
　　沾点热水抹平，表面容易光滑平整），放入急冻柜中保存。

4. 取出后，用切刀切出小长条形，用打发淡奶油在表面挤
　　上波浪形，摆放上白巧克力半球装饰件装饰即可。

树莓巧克力坚果慕斯

Ⅰ 重油蛋糕

材料

黄油	110 克
糖粉	80 克
海藻糖	16 克
蛋黄	80 克
低筋面粉	110 克
蛋白	110 克
绵白糖	95 克

制作

1. 将黄油软化，加入糖粉和海藻糖一起搅拌至发白。
2. 分次加入蛋黄，搅拌均匀。
3. 将蛋白与砂糖一起打发至中性发泡。
4. 将打发的蛋白分次加入步骤 2 的材料中，拌匀。
5. 加入过筛的低筋面粉混合，拌匀。
6. 倒入铺有高温布的烤盘中，抹平，入烤箱，以 190℃烘烤 25 分钟左右完成。

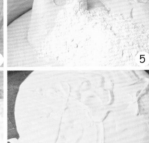

Ⅱ 巧克力坚果片

材料

牛奶巧克力	40 克
榛子酱	150 克
榛子	25 克
综合果仁	125 克

制作

1. 将牛奶巧克力放在锅中隔水加热，至完全化开。
2. 加入榛子酱搅拌均匀。
3. 将榛子和综合果仁一起切碎，加入步骤 2 的材料中，混合均匀。
4. 倒在油纸上，再覆上一张油纸，用擀面棍将其擀平整，厚度大概在 5 毫米左右，用刀切出与模具相同长宽的长条，送入冰箱中冷冻。

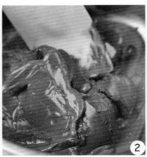

Ⅲ 树莓巧克力慕斯

材料

树莓果蓉	40 克
幼砂糖	20 克
吉利丁片	2 克
牛奶巧克力	130 克
打发的淡奶油	225 克

制作

> 准备：吉利丁片在使用前要用冰水泡软。

1. 将树莓果蓉和幼砂糖一起放入锅中加热。

2. 再加入泡软的吉利丁片化开。

3. 将牛奶巧克力隔水加热化开，与步骤2的材料拌匀。

4. 略微冷却后，再加入打发的淡奶油混合拌匀。

Ⅳ 组合

材料

可可脂	100 克
牛奶巧克力	100 克
坚果仁	适量

制作

1. 将树莓巧克力慕斯挤入模具中一半的高度。

2. 在中间放入一片略微窄一些的巧克力坚果片。

3. 再挤上一层树莓巧克力慕斯，放上一片重油蛋糕底送入冷冻柜中冷冻。

4. 冻硬之后取出，将可可脂和牛奶巧克力混合化开后（40℃）装入巧克力喷枪中，喷在慕斯表面。

5. 再装饰上果仁即可完成。

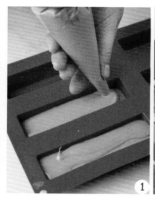    

提拉米苏

　　传说意大利的一位士兵即将开赴战场，可是家里几乎没有吃的了，他的妻子就把家里能吃的饼干、面包全部做进了一个糕点中，交给了自己的丈夫，意思是想让丈夫带她一起走。后来，这个士兵在战场上每次吃到这个糕点的时候就会想起自己的家乡，想起等他归家的妻子。所以这个糕点不仅是美味，更是一个妻子对丈夫的爱。在意大利文中，提拉米苏也有带我走的意思，带走的不仅仅是一块糕点，还有爱和幸福。

　　现代的提拉米苏是 20 世纪 60 年代，在意大利威尼斯的西北方一带开始出现的。当地人采用马斯卡彭芝士作为主要材料，再以手指饼干取代传统甜点的海绵蛋糕，加入咖啡、可可粉等其他元素，造就了现在的提拉米苏蛋糕。

Ⅰ 手指饼

蛋白	3 个
细砂糖	50 克
蛋黄	3 个
低筋面粉	25 克
玉米淀粉	25 克
糖粉（筛表面用）	适量

制作

1. 将蛋白与细砂糖混合打发至中性发泡。

2. 将蛋黄打发至表面发白。

3. 将步骤 1 的材料和步骤 2 的材料混合，用刮刀翻拌均匀。

4. 将低筋面粉、玉米淀粉混合过筛，放入步骤 3 的材料中，用刮刀拌匀，装入带有圆形花嘴的裱花袋中。

5. 在铺有油纸的烤盘上挤出一字形的长条，筛上糖粉，放入烤箱，以上下火 200℃烘烤 8 分钟左右。

Ⅱ 咖啡酒

材料

幼砂糖	50 克
水	50 克
咖啡粉	5 克
冰块	50 克
咖啡利口酒	5 克

制作

1. 将幼砂糖和水煮开，冲入咖啡粉中，加入冰块化开降温，最后加入咖啡利口酒拌匀即可。

Ⅲ 马斯卡邦尼慕斯

材料

蛋黄	2 个
幼砂糖	90 克
水	25 克
吉利丁片	6 克
马斯卡邦尼芝士	190 克
柠檬汁	10 克
咖啡酒	5 克
打发的淡奶油	150 克

制作

> 准备：

1. 吉利丁片在使用前用凉水泡好，隔水加热成液态使用。

2. 马斯卡邦尼芝士要提前一天从冰箱中拿到室温环境下软化。

1. 将幼砂糖和水煮至 116℃，冲入蛋黄中用打蛋器高速打发，加入化开的吉利丁片混合拌匀。

2. 分次倒入马斯卡邦尼芝士中拌匀。

3. 加入柠檬汁和咖啡酒拌匀。

4. 最后和打发的淡奶油充分拌匀即可。

Ⅳ 组装

材料

可可粉	适量
薄荷叶	适量

制作

> 准备：将手指饼干放入咖啡酒糖水中浸泡一下。

1. 将马斯卡邦尼慕斯挤入杯子中至 1/2 的深度，放入泡过咖啡酒的手指饼，再挤入 1/2 的慕斯浆料，用勺子抹平，送进冰箱冷冻至稍微凝结。

2. 取出在表面撒上可可粉，用薄荷叶装饰即可。

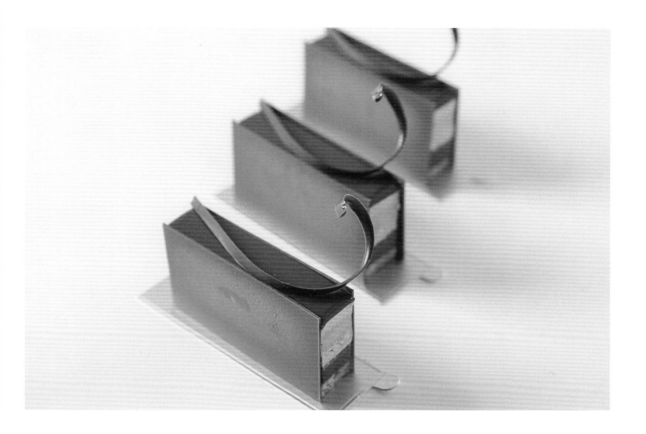

百香果牛奶巧克力蛋糕

① 蜂蜜桂皮玛德琳饼底

 材料

全蛋	200 克
赤砂糖	140 克
蜂蜜	70 克
中筋面粉	200 克
泡打粉	8 克
桂皮	4 克
盐	2 克
黄油（化开）	180 克

 制作

1. 将全蛋、赤砂糖、蜂蜜倒入搅拌桶中，用网状搅拌器搅打均匀。

2. 加入中筋面粉、泡打粉、桂皮和盐，继续搅打拌匀。

3. 再加入化开的黄油（50℃左右），用刮刀翻拌均匀后倒入大盆中，包上保鲜膜冷藏 1 夜。

4. 第二天取出。将面糊先用刮刀翻拌均匀，再倒入框架中，用曲柄抹刀抹平，入烤箱，以上下火 180℃烘烤 18 分钟即可。

  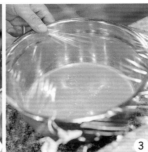 

❚ 百香果牛奶巧克力奶油

材料

淡奶油	300 克
葡萄糖浆	30 克
百香果果蓉	300 克
41% 牛奶巧克力	660 克
黄油	60 克

制作

1. 将淡奶油、葡萄糖浆和百香果果蓉稍微加热后倒入牛奶巧克力中，用搅拌球从中心往边缘处搅拌，均匀后，再用手持料理棒搅打均匀。

2. 温度降至 40℃时，加入黄油，继续用手持料理棒搅打至黄油乳化，倒在烤好的已经降至常温的蜂蜜桂皮玛德琳饼底上，将表面抹平。

❚❚❚ 牛奶巧克力香缇奶油

材料

| 淡奶油 | 1000 克 |
| 31% 牛奶巧克力 | 180 克 |

制作

1. 将一半的淡奶油倒入锅中，加热至沸腾离火。

2. 将牛奶巧克力倒入锅中，搅拌均匀，再用手持料理棒搅打融合。

3. 倒入另一半的淡奶油中，搅拌均匀后贴面覆上保鲜膜密封冷藏。

Ⅳ 巧克力淋面

材料

幼砂糖	300 克
葡萄糖浆	300 克
水	150 克
含糖炼乳	200 克
牛奶巧克力	300 克
吉利丁片	20 克

制作

> 准备：吉利丁片在使用前要用冰水泡软。

1. 将幼砂糖、葡萄糖浆和水入锅煮成焦糖色泽。

2. 加入加热的含糖炼乳拌匀，倒入牛奶巧克力，搅拌化开。

3. 再加入提前泡软的吉利丁片化开，用手持料理棒搅拌均匀。

Tips:

1. 如果用黑巧克力制作淋面，因其可可脂含量较多，所以要减少吉利丁的用量。

2. 如果用白巧克力制作淋面，因其可可脂含量较少，所以要增加吉利丁的用量。

Ⅴ 组合

材料

巧克力装饰件	适量

制作

1. 取出抹好百香果牛奶巧克力奶油的蜂蜜桂皮玛德琳饼底，将整个模具注满牛奶巧克力香缇奶油，表面抹平后冷冻。

2. 成形后脱模，在表面淋上一层淋面，表面用抹刀抹平。

3. 用刀切除边角部分，然后将蛋糕切成长 10 厘米、宽 2 厘米的小块，放在甜点垫上。

4. 再装饰上巧克力配件即可。

橙香栗子慕斯蛋糕

 栗子达垮次蛋糕

材料

蛋白	500 克	糖粉	400 克
蛋白粉	3 克	栗子泥	100 克
柠檬汁	5 克	栗子抹酱	100 克
幼砂糖	110 克	栗子碎	100 克
杏仁粉	400 克	糖粉（装饰）	适量

制作

1. 将蛋白倒入打蛋桶中，加入蛋白粉和柠檬汁，再分次加入幼砂糖，打发至中性发泡（搅拌球提起蛋白能呈现鸡尾状）。

2. 在盆中倒入栗子泥、栗子抹酱、栗子碎和三分之一的步骤 1 的材料，搅拌均匀后加入剩余的步骤 1 的材料，拌匀，分次加入杏仁粉和糖粉的混合物，搅拌均匀。

3. 将面糊挤入直径 16 厘米的圆模中挤 1.5~2 厘米厚，抹平，然后去除模具，在表面筛两次上糖粉，放入风炉中，以 170℃烘烤 15 分钟左右。

ⅠⅠ 栗子慕斯

材料

吉利丁粉	7 克
冷水	42 克
柑曼怡力娇酒	50 克
栗子抹酱	50 克
栗子泥	200 克
打发淡奶油	375 克
幼砂糖	120 克
水	40 克
蛋黄	60 克

制作

1. 将蛋黄放入打蛋机中打发；同时将幼砂糖和 40 克水熬煮至 118℃，再缓慢地冲入打发中的蛋黄中，继续搅打至蛋黄温度降至 25℃左右。

2. 将事先泡好吉利丁粉加热化开为液体，取三分之一的栗子抹酱和栗子泥的混合物与吉利丁液、柑曼怡力娇酒混合，混合完全后再倒回盆中与剩余的栗子混合物搅拌均匀。

3. 将步骤 1 的材料和步骤 2 的材料混合拌匀，最后和打发淡奶油翻拌均匀。

Tips:
在制作之前，要将吉利丁粉浸泡在 42 克冷水中。

Ⅲ 橙子酱

材料

剥皮的橙子	750 克
苹果	300 克
幼砂糖	180 克
柑曼怡力娇酒	30 克

制作

> 准备:

1. 橙子在去皮的时候要把中间的白色薄膜也取出，只留下果肉。

2. 苹果要去皮去芯去蒂，并切成 1×1 厘米的块状。

1. 将去皮取肉的橙子、切小块的苹果，放入锅中，加入幼砂糖，小火煮至果肉软烂收汁。

2. 用视频料理机将果肉打碎，加入柑曼怡力娇酒，继续搅打至泥状。

Ⅳ 柑曼怡橙香完美慕斯

材料

蛋黄	120 克
全蛋	20 克
幼砂糖	120 克
水（1）	40 克
打发淡奶油	350 克
柑曼怡力娇酒	20 克
橙皮	10 克
吉利丁粉	6 克
凉水（2）	36 克

制作

> 准备：将吉利丁粉用凉水泡好。

1. 将蛋黄和全蛋搅散打发；将幼砂糖和 40 克水煮至 121℃，冲入打发蛋液中，快速搅打降温至 25℃，成为一个炸弹面糊；将炸弹面糊倒进大盆中。

2. 事先泡好的吉利丁粉隔热水化开，取一点的炸弹面糊加进去混合拌匀，再加入橙皮拌匀，再倒回到炸弹面糊中混合拌匀。

3. 加入打发淡奶油拌匀，加入柑曼怡力娇酒，搅拌均匀即可。

Ⅴ 黑巧克力淋面

材料

水	300 克
幼砂糖	600 克
葡萄糖浆	600 克
炼乳	400 克
吉利丁粉	40 克
凉水	240 克
70% 黑巧克力	500 克

制作

1. 将 300 克水、幼砂糖、葡萄糖浆放入糖锅中，熬至 103℃，加入炼乳搅拌均匀。

2. 离火后加入泡好的吉利丁粉，化开拌匀后倒入黑巧克力中，用手持料理棒搅拌均匀。

Tips:

在制作之前，要将吉利丁粉浸泡在 240 克冷水中。

Ⅵ 组合（使用组合模具）

材料

糖渍栗子	适量
巧克力装饰件	适量
金箔	适量

制作

1. 将栗子慕斯挤入底层中模具至 1/3 高度，盖上一块栗子达垮次饼底，按压排除气孔，再用栗子慕斯注满底层模具，抹平后放上另一块达垮次饼底。

2. 盖上模具的另一半部分，确认没有缝隙后，将柑曼怡橙香完美慕斯装入裱花袋，先将饼底周围一圈注入慕斯，最后将模具注满，抹平，放入速冻成型。

3. 成形后取出脱模，放在网架上，淋上黑巧克力淋面。

4. 在慕斯中心以划圆的方式挤上橙子酱，然后将慕斯半成品放置在甜点底托上。

5. 在橙子酱边缘装饰上巧克力件，一侧边缘放上整颗的糖渍栗子，点缀上金箔即可。

蜂蜜香料萨瓦兰蛋糕

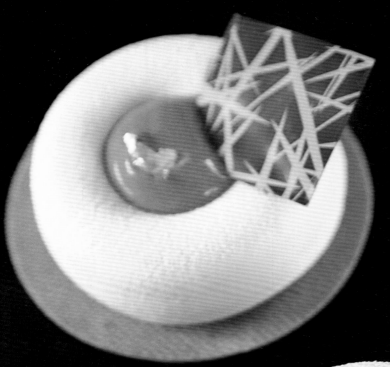

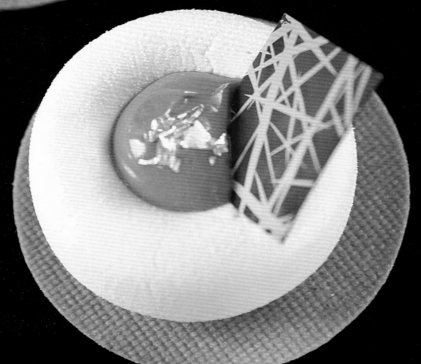

Ⅰ 油酥面皮

材料

低筋面粉	1000 克
黄油	600 克
精盐	10 克
糖粉	380 克
扁桃仁粉	130 克
全蛋	220 克

制作

1. 将黄油、扁桃仁粉、糖粉、精盐、低筋面粉混合，用扇形搅拌器中速搅拌；加入全蛋，用中快速搅拌均匀成面团。

2. 将面团取出，包上保鲜膜，放入冰箱冷藏 30 分钟，然后用压面机或开酥机压成薄皮，厚度在 3 毫米左右。

3. 用不锈钢圈模压出饼底，依次摆放在铺有硅胶网垫的烤盘中，放入风炉中以 160℃烤 3 分钟至表面呈金黄色，出炉冷却备用。

Ⅱ 香料蛋糕饼底

材料

蜂蜜	620 克
牛奶	310 克
肉桂	8 克
肉豆蔻	2 克
八角	2 克
白砂糖	195 克
全蛋	310 克
蛋黄	310 克
低筋面粉	560 克
泡打粉	14 克

制作

1. 将蛋黄和白砂糖打发至发白，加入全蛋，用中速搅拌均匀。

2. 牛奶倒入锅中加热煮沸，加入蜂蜜混合拌匀。

3. 将肉桂、肉豆蔻、八角研磨成粉，加入煮沸的牛奶中，搅拌均匀。

4. 将泡打粉和低筋粉混合过筛，取 2/3 的量分次加入牛奶中拌匀。

5. 将步骤 1 的材料分次加入步骤 4 的材料中拌匀，再倒入剩余的面粉混合物，翻拌均匀，倒入铺有硅胶的烤盘中，抹平。

6. 入烤箱，以上下火 180℃烘烤 10~15 分钟出炉，放在网架上冷却脱模（脱模时用油纸覆盖在表面，反扣在烤盘上，去除硅胶烤垫，放置一旁晾凉），备用。

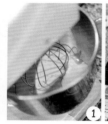

Ⅲ 蜂蜜慕斯

材料

水	250 克
细砂糖	380 克
蛋黄	150 克
蜂蜜	265 克
白巧克力	40 克
吉利丁片	16 克
打发的淡奶油	750 克

制作

1. 将细砂糖和水混合加热至 117℃，加入蜂蜜拌匀，倒入打至发白的蛋黄中，混合拌匀。
2. 将吉利丁片用凉水浸泡软化，隔水加热至化开。
3. 白巧克力隔水化开后，与吉利丁溶液拌匀。
4. 将步骤 3 的材料分次加入步骤 1 的材料中拌匀。
5. 将淡奶油打发至中性发泡，分次与步骤 4 的材料拌匀即可。

Ⅳ 焦糖酱汁

材料

细砂糖	100 克
淡奶油	100 克
马斯卡彭奶酪	100 克
吉利丁片	1 克

制作

> 准备：吉利丁在使用之前要用冰水泡软。

1. 将细砂糖倒入锅中，加热并不断翻炒，至焦糖色。
2. 将淡奶油加热煮沸后倒入焦糖锅中，用刮刀搅拌均匀；加入泡好的吉利丁片化开拌匀。
3. 分次加入马斯卡彭奶酪，拌匀后放置一旁冷却。

Ⓥ 组合

材料

可可脂	100 克
白巧克力	100 克
方形巧克力片	适量
金箔	适量

制作

1. 将蜂蜜慕斯装入裱花袋中，挤入萨瓦兰硅胶模具中至满，稍微震一下放入冷冻柜中。

2. 至稍稍凝固后，将冷却好的香料蛋糕饼底用圈模压出小圆，摆放在蜂蜜慕斯的表面，作为慕斯底，再次放回急冻柜中，冻硬。

3. 冻硬之后取出脱模，依次倒扣摆放在烤盘上。

4. 准备巧克力喷枪，在喷头中加入可可脂和白巧克力的混合物溶液（比例为 1:1，温度在 40℃左右），将喷枪对准甜点表面，喷一层沙粒状物质。

5. 将焦糖酱汁装入裱花袋，挤在中心的凹槽处。

6. 取出油酥脆皮作为底座，将甜点放在脆皮中心位置。

7. 在表面装饰上方形巧克力片和金箔即可。

焦糖牛奶巧克力杯子甜点

Ⅰ 焦糖酱汁

材料

幼砂糖	50 克
牛奶	110 克
淡奶油	60 克
黄油	35 克
白巧克力	180 克

制作

1. 将幼砂糖分次倒入锅中，加热至化开出现焦糖色；同时将牛奶、淡奶油加热，再倒入焦糖中，搅拌均匀，加入黄油，搅拌均匀。

2. 温度降至80℃时过滤到化开后的白巧克力中，用料理棒搅拌，装入裱花袋，平铺冷却。

Ⅱ 玛德琳饼底

材料

全蛋	90 克
糖粉	75 克
香草荚	半根
中筋面粉	75 克
泡打粉	5 克
黄油（化开）	75 克

制作

1. 将全蛋打发，加入香草荚籽（去荚留籽），加入所有粉类拌匀。

2. 再加入化开的黄油（40℃），拌匀后倒在盆中，包上保鲜膜放入冰箱冷藏一夜。

3. 冷藏后，隔天取出搅拌均匀，倒入模具中，抹平。

4. 送进风炉中，以200℃烤制10分钟，出炉冷却，将饼底切成小方块备用。

Ⅲ 焦糖慕斯

材料

淡奶油	100 克
焦糖牛奶巧克力	200 克
打发淡奶油	260 克

制作

1. 将淡奶油和焦糖牛奶巧克力一起倒进玻璃碗中放入微波炉加热化开，出炉，温度降至35℃时加入打发淡奶油拌匀即可。

Ⅳ 顶级牛奶巧克力慕斯

材料

牛奶	187 克
38% 考维曲牛奶巧克力	400 克
打发淡奶油	520 克

制作

1. 将牛奶和38% 考维曲牛奶巧克力一起倒进碗中，放入微波炉中加热化开，温度降至35℃时分次加入打发淡奶油，混合均匀。

2. 挤入直径3厘米小圆球模具中，冷冻。

Ⅴ 组合

材料

巧克力装饰件　适量

制作

1. 在杯子底部挤入少量焦糖酱汁。

2. 将准备好的玛德琳饼底小方块放置在酱汁上面。

3. 挤上一层焦糖慕斯。

4. 杯口上放置一片巧克力配件。

5. 再装饰上顶级牛奶巧克力慕斯，最后插上巧克力配件即可。

焦糖香蕉百香果巧克力慕斯

Ⅰ 焦糖香蕉

材料

白砂糖	70 克
淡奶油	70 克
吉利丁片	2 克
香蕉	60 克

Tips:

准备三个大小不同的圈模，直径依次相差在 3 厘米左右。

制作

> 准备：在制作前，吉利丁片要放在冰水中泡软。

1. 将白砂糖放入熬糖锅中，直火加热至浅咖啡色。

2. 加入淡奶油（微热），混合拌匀。

3. 香蕉切成片，加入其中，继续煮至沸腾，关火。

4. 最后加入泡软的吉利丁化开。

5. 准备三个大小不同的圈模，用大套小的方式组合摆放在烤盘中，在最内圈和最外圈终挤上焦糖香蕉至 1/2 的高度，送入冷冻柜中冷冻冻硬。

Ⅱ 百香果果冻

材料

百香果果蓉	100 克
水	90 克
白砂糖	75 克
镜面果胶	2 克
吉利丁片	2 克

制作

1. 将百香果果蓉和水一起放入锅中，直火加热煮至沸腾。

2. 再加入砂糖与镜面果胶，继续加热至沸腾后停火。

3. 最后再加入泡软的吉利丁片，化开拌匀。

4. 将完成的百香果果冻倒入组合圈模中的中间一圈内，送入冷冻柜中冷冻。

Ⅲ 杏仁蛋糕

材料

全蛋	105 克
绵白糖	75 克
杏仁粉	75 克
低筋面粉	19 克
无盐黄油	50 克
蛋白	60 克
绵白糖	25 克
杏仁碎粒	50 克
榛子碎粒	50 克

制作

1. 将全蛋和 75 克的绵白糖一起打发。

2. 将无盐黄油搅打至柔软状态，再与步骤 1 的材料混合拌匀。

3. 加入杏仁粉、低筋面粉混合拌匀。

4. 将蛋白与 25 克的绵白糖打发，加入步骤 3 的材料中混合拌匀。

5. 加入烤熟的杏仁碎和榛子碎，拌匀。

6. 倒入烤盘中抹平，送入烤箱中，以上下火为 210℃烘烤 9 分钟左右即可，取出后待凉，用慕斯圈模压出圆形。

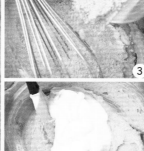

Ⅳ 巧克力慕斯

材料

牛奶巧克力	50 克
打发淡奶油	150 克
蛋黄	1 个
白砂糖	7.5 克
水	4 克

制作

1. 将蛋黄与白砂糖一起混合搅打至发白，放入锅中，再加入水一起隔水加热至 80~90℃停火。

2. 再加入牛奶巧克力，一起搅拌至巧克力完全化开。

3. 最后再加入打发好的淡奶油混合拌匀即可。

Ⅴ 焦糖淋酱

材料

白砂糖	70克
淡奶油	70克
吉利丁片	2克

制作

1. 将白砂糖放入熬糖锅中，用直火加热至浅咖啡色。

2. 加入淡奶油至焦糖液中混合拌匀。

3. 最后加入泡软的吉利丁片（冷水浸泡）化开拌匀即可。

Ⅵ 组合

制作

1. 在圆形慕斯圈底部蒙上一层保鲜膜，挤入巧克力慕斯至一半的高度。

2. 再在中间放上已经凝固的焦糖香蕉、百香果果冻夹心。

3. 再将剩余的巧克力慕斯浆料挤入模具中抹平。

4. 在慕斯表面放入一片蛋糕底，送入冷冻柜中冷冻。

5. 冷冻完成的慕斯从模具中取出后，在表面淋上一层焦糖淋酱，装饰上巧克力件即可完成。

开心果蛋糕

Ⅰ 松脆开心果

材料

黄油	160 克
低筋面粉	210 克
糖粉	140 克
泡打粉	5 克
蛋黄	60 克
开心果泥	50 克
烤开心果	100 克

制作

1. 在搅拌桶中加入黄油,用扇形搅拌器快速打发。加入糖粉,中速搅拌混合。

2. 加入烤开心果,混合搅拌后再加入低筋面粉和泡打粉,拌匀。

3. 加入开心果泥,中速拌匀。

4. 加入蛋黄快速搅拌,均匀后取出,倒在油纸上,表面再覆盖一张油纸,用擀面棍擀平,厚度大约为 1.5 厘米,放入冰箱中冷藏 30 分钟。

5. 取出,用不锈钢圈模压出圆饼底后放入热风炉烤箱中,以 180℃烘烤 10 分钟。

Ⅱ 覆盆子内饰

材料

覆盆子果蓉	500 克
细砂糖	180 克
NH 果胶粉	4 克
吉利丁片	8 克

制作

1. 将覆盆子果蓉加热至沸腾。

2. 加入 NH 果胶粉和细砂糖的混合物,拌匀加热至煮沸。

3. 加入泡好的吉利丁片化开拌匀。倒入滴壶,注入硅胶模中放入急冻,30 分钟后取出脱模。

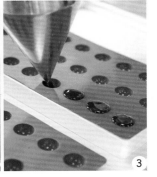

Ⅲ 扁桃仁达克瓦兹

材料

蛋白	375 克
细砂糖	120 克
扁桃仁粉	320 克
糖粉	240 克

制作

1. 将蛋白打发后加入细砂糖，搅打至干性发泡。

2. 将扁桃仁粉和糖粉混合拌匀后，分次蛋白中，混合拌匀。

3. 倒入铺有硅胶垫的烤盘中，抹平，放入热风炉烤箱中，以 180℃烘烤 10 分钟，取出冷却备用。

Ⅳ 开心果慕斯林奶油

材料

牛奶	500 克
细砂糖	100 克
蛋黄	140 克
玉米淀粉	50 克
黄油	150 克
吉利丁片	8 克
打发淡奶油	340 克
开心果泥	160 克

制作

1. 将牛奶倒入锅中，加热煮沸。

2. 将蛋黄和细砂糖混合拌匀后，加入玉米淀粉，混合拌匀。

3. 将 1/3 的牛奶倒入蛋黄中，混合拌匀后，再倒回牛奶锅中拌匀，继续加热至 83℃左右。

4. 加入开心果泥，混合拌匀。

5. 加入泡好的吉利丁片（冷水浸泡）化开拌匀。

6. 加入黄油化开拌匀。

7. 倒入大盆中，冷却至 28℃左右。

8. 将打发淡奶油分次加入步骤 7 的材料中，拌匀即可。

   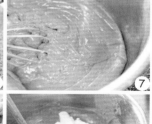

Ⅴ 组合

材料

可可脂	50 克
百巧克力	50 克
绿色色淀	3 克
巧克力配件	适量

制作

1. 将松脆开心果饼底放在油纸上，压好的扁桃仁达克瓦兹依次放好。

2. 在模具中先挤一层开心果慕斯林奶油，然后摆放一圈覆盆子内饰，再挤一层开心果慕斯林奶油，盖一层扁桃仁达克瓦兹，最后挤一层开心果慕斯林奶油，最后用松脆开心果饼底封顶，压好后放入急冻成形。

3. 借助火枪加热不锈钢慕斯圈边缘，脱模。

4. 将剩余的开心果慕斯林奶油装入裱花袋（带有大圆花嘴）中，在表面靠近边缘处挤上一圈豆形花边。

5. 将蛋糕摆放在油纸上；将 50 克白巧克力、50 克可可脂和 1 滴绿色色素化开混合，搅拌后装入喷枪内，在蛋糕表面喷出沙粒状。

6. 摆放金底板上，将事先准备好的巧克力配件（正方形小切片）依次粘在大蛋糕的侧面。

7. 将覆盆子果酱装入裱花袋中，挤在豆形花边的中心。

8. 装饰上红醋栗和巧克力配件。

蓝天鹅

Ⅰ 杏仁海绵饼底

材料

糖粉	100 克
杏仁粉	100 克
全蛋	65 克
蛋黄	30 克
蛋白	165 克
幼砂糖	105 克
低筋面粉	70 克

制作

1. 将糖粉、杏仁粉、全蛋和蛋黄倒入搅拌桶中，中速打至乳化发泡状态。

2. 将蛋白打发，分次加入幼砂糖，打至湿性发泡，然后倒入一个大盆中。

3. 将步骤 1 的材料倒入步骤 2 的材料中，用橡皮刮刀拌匀。

4. 加入过筛的低筋面粉，用橡皮刮刀拌匀，装入带有圆形花嘴的裱花袋中，挤入硅胶垫中，放入烤箱内，以 180℃烤 9 分钟。

Ⅱ 血橙啫喱

材料

血橙果蓉	600 克
幼砂糖	45 克
玉米淀粉	40 克
吉利丁粉	8 克
水	40 克

制作

> 准备：将吉利丁粉放入水中浸泡，一般吉利丁粉与水的比例是 1 : 5。

1. 将血橙果蓉和幼砂糖入锅中加热至 50℃左右。

2. 取出少量倒入玉米淀粉中，搅拌均匀后再倒回锅中，一边加热一边搅拌，直至沸腾。

3. 离火，加入提前泡好水的吉利丁粉，搅拌均匀后用保鲜膜包好，放在室温保存。

Ⅲ 柠檬奶油

材料

柠檬汁	125 克
柠檬皮屑	1 个
蛋黄	80 克
全蛋	80 克
幼砂糖	75 克
黄油（软化）	80 克

制作

1. 将蛋黄和全蛋混合，加入幼砂糖，搅拌均匀。

2. 将柠檬汁和柠檬皮屑放入锅中，加入步骤 1 的材料，快速搅拌，加热至沸腾浓稠。

3. 倒入一个盆中，隔冰水降温至 40℃，然后倒入量杯中。

4. 加入软化的黄油，用手持料理棒搅打乳化，然后装入裱花袋备用。

Ⅳ 榛果杏仁巴巴露亚

材料

牛奶	200 克
淡奶油	400 克
蛋黄	150 克
幼砂糖	150 克
榛果杏仁酱	160 克
吉利丁粉	18 克
水	90 克
打发的淡奶油	500 克

制作

> 准备：将吉利丁粉放入水中泡好，并隔水加热成液态。

1. 将牛奶和淡奶油入锅，加热至 83℃左右。

2. 将蛋黄和幼砂糖搅拌至乳化。

3. 将少量的步骤 1 的材料倒入步骤 2 的材料中，搅拌均匀后再倒入锅中与剩余的步骤 1 的材料混合均匀，再继续加热至 85℃，使其黏稠，并用橡皮刮刀搅拌。

4. 离火后，倒入榛果杏仁酱，用橡皮刮刀拌匀至流体状，用手持料理棒使其乳化。

5. 过筛，加入化开吉利丁中化开拌匀，隔冰水降温至 25℃。

6. 将打发好的淡奶油加入步骤 5 的材料中，混合搅拌均匀后倒入量杯中。

Ⓥ 组合（使用组合模具）

材料

蓝天鹅装饰件	适量
可可脂	适量
白巧克力	适量
黑巧克力	适量
黄色色素	适量

制作

> 准备：使用黑巧克力或者白巧克力与可可脂按 1 : 1 的比例混合化开，装入喷枪中使用，如果想要其他的颜色，可以用色素调配的白巧克力喷砂即可。此处巧克力喷砂用的是黄色。

1. 将冷却好的血橙啫喱倒入硅胶模具（直径 16 厘米）中，上面放上杏仁海绵饼底，压紧后冷冻。

2. 在硅胶模具（直径 17 厘米）中，放上烤好的杏仁海绵饼底，上面挤一层柠檬奶油，急冻。

3. 将榛果杏仁巴巴露亚倒在硅胶模具（直径 18 厘米）中，然后将步骤 1 的材料取出后放在上面（海绵饼底的一面向上）。

4. 盖上模具的另一半，然后挤上巴巴露亚至八分满。

5. 将步骤 2 的材料取出脱模，盖在巴巴露亚上（海绵饼底的一面向上），压紧。

6. 边缘处用剩余的巴巴露亚挤满，用保鲜膜包起后，急冻。

7. 取出后脱模，用抹刀整理下蛋糕表面。用喷枪喷上一层黄色巧克力喷砂绒面，再在底部和顶部喷一层黑巧克力喷砂绒面，喷出渐变色，摆放上蓝天鹅装饰件即可。

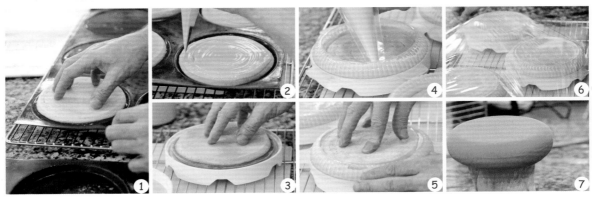

芒果白巧克力幕斯蛋糕

芒果布丁

材料

芒果果泥	250 克
淡奶油	200 克
冻奶	80 克
椰浆	150 克
吉利丁片	10 克
幼砂糖	65 克

制作

1. 将芒果果泥、淡奶油、冻奶、椰浆、幼砂糖一起倒进锅中，煮至80℃。

2. 放入泡好的吉利丁片，化开拌匀。

3. 倒入模具放进冷藏凝结。

Tips:

吉利丁片在使用前要用冰水泡好。

Ⅱ 白巧克力幕斯

材料

白巧克力	250 克
黄油	25 克
淡奶油	100 克
朗姆酒	30 克
幼砂糖	50 克
蛋白	150 克
幼砂糖	50 克
蛋黄	100 克
打发淡奶油	500 克
吉利丁片	20 克

制作

1. 将 100 克奶油煮至 80℃，加入泡好的吉利丁片化开拌匀。
2. 倒入白巧克力和黄油中，完全化开拌匀，降温至 28℃左右。
3. 将蛋黄和 50 克砂糖打发至黏稠，拌入朗姆酒。
4. 将步骤 2 的材料倒进步骤 3 的材料中，混合拌匀。
5. 将蛋白与 50 克幼砂糖打发至湿性发泡，分次放入步骤 4 的材料中混合均匀。
6. 再分次混合打发淡奶油，拌匀即可。

Tips: 吉利丁片在使用前要用冰水泡好。

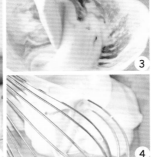

Ⅲ 海绵蛋糕坯

材料

蛋白	75 克
细砂糖	40 克
低筋面粉	90 克
盐	1 克
蛋黄	130 克
细砂糖	50 克
色拉油	40 克
牛奶	50 克

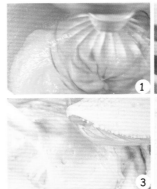
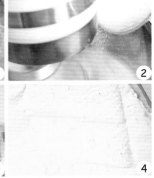

制作

1. 将蛋黄与 50 克细砂糖混合，打发至呈现淡黄色。
2. 将蛋白和盐打至乳白色，起泡时，加入 40 克细砂糖打至干性发泡。
3. 将步骤 1 的材料与步骤 2 的材料混合，用橡皮刮刀轻轻拌匀，加低筋面粉搅匀，再加入牛奶和色拉油充分拌匀。
4. 倒入烤盘中（铺有油纸），用抹刀抹平，入烤箱中，以 190℃烘烤约 10 分钟，待凉后用慕斯模具压出饼底。

Ⅳ 芒果慕斯

材料

芒果果蓉	300 克
全蛋	8 个
幼砂糖	75 克
水	30 克
吉利丁片	20 克
打发淡奶油	800 克

制作

> 准备：吉利丁要在使用前用冰水泡好。

1. 把幼砂糖和水煮至 127℃；同时把全蛋倒入打蛋机中，用网状搅拌器打发至黏稠，将糖浆冲进打发蛋黄中，继续打至冷却。

2. 将果蓉加热煮沸，加入泡好的吉利丁片化开拌匀，待凉至 28℃。

3. 在 28℃的芒果果蓉混合物中，加入打发淡奶油拌匀。

4. 将步骤 1 的材料和步骤 3 的材料混合拌匀即可。

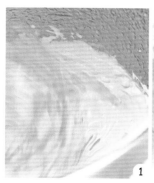   

Ⅴ 组合及装饰

制作

1. 蛋糕坯放在模具中，倒入白巧克力幕斯至模具一半高度，送进冰箱冻至表面凝结。

2. 芒果布丁放在白巧克力幕斯上，放入冷冻半小时后取出。

3. 芒果幕斯倒入模具中，用抹刀抹平，放入冰箱中，冻硬取出。

4. 淋上芒果淋面，放入冷藏冰箱 15 分钟后取出。

5. 在蛋糕顶部装饰即可。

 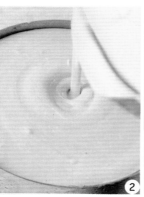   

母亲节水果篮蛋糕

| 牛奶海绵蛋糕

材料

全蛋	330 克
幼砂糖	250 克
葡萄糖浆	40 克
低筋面粉	260 克
黄油	72 克
牛奶	72 克

制作

1. 将全蛋、幼砂糖和葡萄糖浆倒入搅拌桶中，用中速打发至有纹理后，倒入一个大盆中。
2. 倒入过筛的低筋面粉，用橡皮刮刀拌匀。
3. 黄油化开后和牛奶混合拌匀乳化。
4. 取少量的步骤 2 的材料倒入步骤 3 的材料中，拌匀后再与剩余的步骤 2 的材料继续拌匀。
5. 倒入烤盘中。约 500 克的面糊能铺满 30 厘米 ×40 厘米的烤盘。用抹刀抹平后入炉，以上下火 170℃烘烤 15 分钟。此蛋糕要做两块。

Ⅱ 橙子奶油

材料

牛奶	300 克
蛋黄	80 克
幼砂糖	110 克
玉米淀粉	32 克
吉利丁粉	8 克
黄油	70 克
奶油奶酪	370 克
打发的淡奶油	370 克
橙子	2 个

制作

> 准备：将吉利丁粉用 40 克凉水泡好。

1. 将牛奶放入锅加热，用刨刀擦入两个橙子皮屑。

2. 将蛋黄和幼砂糖搅拌均匀，加入玉米淀粉，一起拌匀。

3. 将少量的步骤 1 的材料倒入步骤 2 的材料中，拌匀后再与其余的步骤 1 的材料混合，不停搅拌，直至呈现浓稠状。

4. 加入黄油，用余温使其化开，拌匀；加入泡好的吉利丁粉，搅拌均匀。

5. 将奶油奶酪切成小块，放入量杯中，加入步骤 4 的材料，用手持料理棒搅拌均匀至光滑状。

6. 分次混合打发的淡奶油，拌匀后装入裱花袋备用。

Ⅲ 橙子糖浆

材料

水	350 克
幼砂糖	250 克
香草荚	1 根
橙子	1 个

制作

1. 将水、幼砂糖混合。香草荚切半加入其中，一起入锅煮沸。

2. 倒入盆中，将橙子榨出橙子汁加入其中，搅拌均匀，冷却。

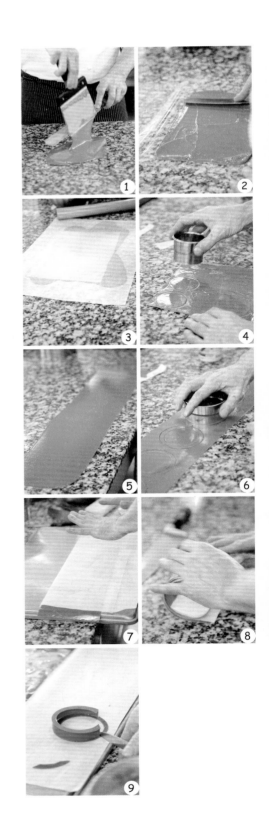

Ⅳ 巧克力配件

材料

35% 牛奶巧克力   适量

制作

1. 取适量的 35% 牛奶巧克力，化开至 45℃左右，倒 3/4 的分量在大理石桌面上。用抹刀和巧克力铲刀快速移动巧克力的位置，使巧克力降温至 26℃左右。铲回盆中，和剩余的 1/4 巧克力混合均匀，温度为 28℃~29℃。

2. 将巧克力倒入透明胶片纸（透明胶片纸从封口处裁去打开）中，抹平后盖起另一半胶片纸。

3. 表面铺一层油纸，用擀面棍稍微擀一下，等 1~2 分钟，半凝结后移除油纸。

4. 铲除边缘多余的巧克力，用滚轮刀压出形状，得到小正方形；再用压模压出一些圆形。冷藏保存。

5. 盆中冷却的巧克力用热风枪稍微加热一下。桌面稍微洒点水，贴上塑料胶片纸，倒上巧克力，用抹刀抹平。

6. 巧克力半凝固时，用切模压出圆形，外圈再用大 1 厘米的圈模压出圆形。

7. 倒放在铺有油纸的烤盘上。表面再压一个烤盘，冷藏。

8. 以类似的方式用圆形粗管卷出圆环。

9. 取出步骤 7 的材料后，撕去胶片纸，小心地取出圆环，锅底稍微加热一下，将两片圆环巧克力接触一下锅底，使巧克力化一点，小心地粘在用圆形粗管卷出的巧克力圆环上，加热小刀，切除多余的小段，成为花篮的篮柄。

Ⓥ 组合

材料

草莓	1000 克
黄桃、蓝莓、猕猴桃、黑莓	750 克
考维曲牛奶巧克力	1000 克
镜面果胶	适量

制作

> 准备：黄桃、猕猴桃切丁；草莓切两块。

1. 取适量考维曲牛奶巧克力隔水加热至 45℃，在大理石桌面调温至 26℃，再倒回盆中，隔水加热或者用热风枪加热到 28℃。

2. 在一片牛奶海绵蛋糕光滑面抹上一层调好温的巧克力，抹平后冷藏。

3. 称取 150 克的橙子糖浆，刷在另一块牛奶海绵蛋糕表面。

4. 取出冷藏好的步骤 2 的材料，放在铺有油纸的烤盘上，放上框架，刷 300 克的橙子糖浆。

5. 一条一条地挤入橙子奶油，抹平。

6. 将各种新鲜水果装饰在橙子奶油上面。

7. 表面稍稍用抹刀抹平一下，再挤少许橙子奶油，抹平后铺上另一层牛奶海绵蛋糕，按压平整后撕去表面油纸。

8. 再称取 150 克橙子糖浆，刷在海绵蛋糕表面，铺在步骤 7 的材料上，再抹一层薄薄的橙子奶油，冷冻冻硬。

9. 用火枪加热框架脱模，继续冷冻片刻后取出。在切刀上沾热水，切除蛋糕四边，用滚轮刀在表面划出痕印，再用锯齿刀切成均匀的 4 块。

10. 分别放在金底板上，在表面和四周刷一层镜面果胶，蛋糕中间放上提前准备好的巧克力篮柄，再装饰上其他巧克力装饰件和新鲜水果即可。

牛轧糖巧克力慕斯蛋糕

Ⅰ 萨赫饼底

制作

材料

扁桃仁酱	193.5 克
可可酱砖	45 克
糖粉	58.5 克
蛋黄	94.5 克
全蛋	67.5 克
可可粉	22.5 克
低筋面粉	45 克
蛋白	1125 克
细砂糖	58.5 克
黄油	45 克

1. 将可可酱砖和黄油隔水化开。

2. 加入可可粉，混合均匀。

3. 将扁桃仁酱和糖粉用扇形搅拌器搅拌，至完全混合后。

4. 加入全蛋，搅拌均匀，再加入蛋黄搅拌均匀（随时用橡皮刮刀搅拌桶底）。

5. 打发蛋白，分 3 次慢慢加入细砂糖，打发至中性发泡。

6. 将步骤 4 的材料倒入步骤 2 的材料中，用橡皮刮刀拌匀。加入低筋面粉，搅拌均匀。再加入打发好的蛋白，搅拌均匀。

7. 将搅拌好的面糊倒入烤盘中，用抹刀抹平，放入烤箱中，以上下火 180℃烘烤 10 分钟~15 分钟。

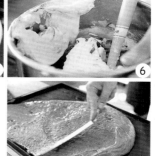

Ⅱ 布蕾奶油

制作

材料

牛奶	320 克
淡奶油	640 克
蛋黄	10 个
细砂糖	144 克
香草荚	2 根
吉利丁片	24 克

> 准备：用冷水浸泡吉利丁片，泡软待用。

1. 牛奶、淡奶油入锅煮沸，加入香草荚。

2. 蛋黄和糖混合搅拌均匀，倒入步骤 1 的材料中，拌匀，隔冰块冷却。

3. 过筛冷却，加入泡软的吉利丁片，化开拌匀。

4. 冷却后取一半倒入烤盘中，抹平，入冰箱冷冻冻硬。取出，再涂抹一层，冷冻。（分两次涂抹冷冻，防止外漏）

Ⅲ 牛轧糖

材料

细砂糖	65 克
葡萄糖浆	30 克
扁桃仁碎	200 克
扁桃仁酱	250 克
70% 黑巧克力	50 克

制作

1. 将细砂糖和葡萄糖浆倒入锅中，加热至焦糖状。

2. 加入生的扁桃仁碎，拌匀。

3. 将扁桃仁碎充分蘸满糖后起锅冷却。

4. 用切刀将结块的扁桃仁碎切碎。

5. 隔水化开扁桃仁酱和巧克力，混合扁桃仁碎，拌匀即可。

Ⅳ 巧克力慕斯

材料

蛋黄	225 克
细砂糖	175 克
葡萄糖浆	168 克
淡奶油	105 克
可可酱砖	17.5 克
66% 巧克力	507.5 克
打发淡奶油	1050 克

制作

1. 将可可酱砖和 66% 巧克力隔水化开。

2. 细砂糖入锅翻炒至焦糖色；葡萄糖浆和 105 克淡奶油加热化开，分次加入到焦糖中拌匀。

3. 将步骤 1 的材料与步骤 2 的材料混合，加入蛋黄，拌匀后倒入桶中，中速搅打至整体呈浅咖啡色，分次与打发淡奶油混合搅拌。

Ⓥ 组合

材料

黑巧克力　　　　适量
巧克力装饰件　　适量

制作

1. 萨赫饼底烤好后出炉冷却，在表面涂抹一层薄薄的黑巧克力溶液，冷藏（涂抹巧克力可以防止和底板粘接）。

2. 取出后将饼底反面向上，涂抹一层牛轧糖，用擀面棍擀压平整后入冷藏柜冷藏固形。

3. 取出，在表面涂抹一层巧克力慕斯。

4. 取出烤布蕾，放置在表面，轻轻的压一下。

5. 表面再涂一层巧克力慕斯，用"L"形抹刀沾水后将表面抹平后放入冷藏柜固形。

6. 取出切成小块（正方形）（切刀可以用火枪加热一下）。

7. 放在网架上，用巧克力淋面，轻轻的震动下网架，用"L"形抹刀挑到另一个烤盘中，入冰箱冷藏。

8. 用切刀将蛋糕切成小三角形，依次摆放在甜品垫上，用巧克力配件装饰即可。

热带风情

Ⅰ 椰子饼底

材料

全蛋	360 克
幼砂糖	180 克
低筋面粉	150 克
椰子粉	45 克
牛奶	30 克
椰丝	适量

制作

1. 将全蛋、幼砂糖打发至半流体状。
2. 加入过筛的椰子粉和低筋面粉，拌匀。一定不要过度搅拌。
3. 加入牛奶，拌匀。
4. 倒入烤盘中，抹平后在表面撒椰丝。放入风炉中，以200℃烘烤8~10分钟。

Ⅱ 椰香达垮次蛋糕

材料

扁桃仁粉	100 克
椰子粉	100 克
糖粉	120 克
低筋面粉	40 克
蛋白	220 克
幼砂糖	80 克
椰丝	适量

制作

1. 在蛋白中分次加入幼砂糖，打发至中性发泡。
2. 加入过筛的扁桃仁粉、椰子粉、糖粉、低筋面粉，拌匀。
3. 用裱花袋挤出圆饼形状和小圆形状，在表面撒椰丝，放入风炉，以175℃烘烤15分钟。

Ⅲ 菠萝酱

材料
菠萝	1 个
幼砂糖	120 克
香草荚	半根
蜂蜜	60 克
橄榄油	100 克
朗姆酒	20 克

制作

1. 将幼砂糖加热至焦糖色，加入橄榄油拌匀。

2. 加入切成丁的菠萝和香草荚籽，用橡皮刮刀翻炒至水挥发。

3. 关火后加入蜂蜜与朗姆酒，倒在烤盘中降温。

Ⅳ 百香果慕斯琳奶油

材料
牛奶	430 克
幼砂糖	135 克
卡仕达粉	28 克
玉米淀粉	20 克
蛋黄	135 克
百香果果蓉	270 克
香草荚	1 根
吉利丁片	14 克
打发的淡奶油	540 克

制作

> 准备：吉利丁片在使用前要用冰水泡软。

1. 在牛奶中加香草籽，加热。

2. 将蛋黄与幼砂糖拌匀，加入卡仕达粉和玉米淀粉拌匀。

3. 将步骤 1 的材料倒入步骤 2 的材料中，再用低火加热至浓稠，加入百香果果蓉拌匀。

4. 加入泡好水的吉利丁片化开拌匀，放在冰水中隔水冷却降温。

5. 将步骤 4 的材料倒入打发的淡奶油中，搅拌均匀。

Ⅴ 组装

材料

糖渍菠萝	适量
菠萝叶子	适量
迷迭香	适量
黄色镜面果胶	适量
巧克力装饰件	适量
装饰水果	适量

制作

1. 将百香果慕斯琳奶油注入 6 寸慕斯圈中至一半高度，用勺背轻轻将奶油带起至铺满整个慕斯圈内壁。

2. 盖上一层直径 12 厘米的椰香达垮次蛋糕。

3. 放上一层菠萝酱，挤上百香果慕斯，盖上一层直径 14 厘米的椰子饼底，冷冻。

4. 脱模后在表面淋上一层黄色镜面果胶。

5. 装饰上不同形状的椰香达垮次蛋糕；将糖渍菠萝的表面用火枪烧焦。

6. 将其他水果一起装饰在表面，再装饰上菠萝叶子和迷迭香，最后点缀上巧克力配件。

水果夏洛特

I 手指饼底

材料

蛋白	240 克
细砂糖	240 克
蛋黄	8 克
中筋面粉	240 克
糖粉	适量

制作

1. 将蛋白与细砂糖混合打发至干性发泡；加入蛋黄，搅拌均匀。

2. 再分次加入中筋面粉，拌匀。

3. 将面糊装入裱花袋（带有大号圆花嘴），挤出圆饼形、手指形和花形，在表面筛上糖粉，入风炉，以 200℃烤 10 分钟。

II 芒果酱汁

材料

芒果果蓉	200 克
水	125 克
细砂糖	23 克
吉利丁片	6 克

制作

> 准备：吉利丁片提前用凉水泡好。

1. 将水和细砂糖煮开至糖化，加入泡好的吉利丁片化开拌匀。

2. 加入果蓉拌匀，冷藏备用。

Tips:

吉利丁片在使用之前要用冰水泡软。

Ⅲ 柠檬巴巴露亚慕斯

材料

牛奶	250 克
柠檬汁	50 克
柠檬皮屑	3 个
蛋黄	125 克
细砂糖	150 克
吉利丁片	20 克
打发的淡奶油	1080 克

制作

> 准备：吉利丁片在使用之前要用冰水泡软。

1. 将牛奶加热。

2. 将蛋黄、细砂糖搅拌均匀，加热热牛奶，拌匀，继续加热至浓稠，再加入泡好的吉利丁片，拌匀。加入柠檬汁和柠檬皮屑，拌匀，降至常温。

3. 先取少量打发淡奶油和步骤2的材料拌匀，然后再将剩余的打发的淡奶油加入一起拌匀。

Ⅳ 百香果糖浆

材料

水	166 克
细砂糖	36.5 克
百香果果蓉	166 克

制作

1. 将水和细砂糖加热煮开，加入百香果果蓉拌匀。

Ⓥ 组合

材料

防潮糖粉　　　　　　适量

芒果片、猕猴桃丁、火龙果丁、无花果丁、红石榴籽、红加仑　　　　适量

制作

1. 将烤好的手指饼底放在烤架上冷却，表面筛上一层防潮糖粉，然后倒扣在操作台上，再筛一层糖粉，用刀切除两边不平整的部分。

2. 将修好边的手指饼嵌入圆形模具内，切除多余部分，再将圆形饼底放入模具底部，刷一层芒果酱汁（底部和侧壁都要刷）。

3. 将另外的圆形饼底在芒果酱汁中浸泡一下，取出后将没有浸泡酱汁的一面放在操作台上，待用。

4. 在步骤 2 的材料中挤上一层柠檬巴巴露亚慕斯，然后放上蘸有柠檬酱汁的圆形饼底。

5. 在表面刷上一层百香果糖浆，用柠檬巴巴露亚慕斯在上面挤出一个圆环，在圆环内部倒入百香果糖浆，入冰箱急冻。

6. 成形后取出脱模，四周撒上一些糖粉，将其放在甜点垫上。

7. 在表面再挤上一层柠檬巴巴露亚慕斯。

8. 将切好片的芒果卷成花瓣状，插在表面。

9. 然后再装饰上各种其他水果丁和水果粒，最后在表面筛上一层防潮糖粉即可。

甜言蜜语

榛子玛德琳饼底

全蛋	135 克
细砂糖	50 克
金黄砂糖	60 克
榛子泥	40 克
精盐	2 克
牛奶	35 克
低筋面粉	105 克
焦黄油	125 克
花蜜（液体）	25 克
蛋白	65 克
细砂糖	15 克

制作

1. 将全蛋、50 克细砂糖、金黄砂糖、榛子泥和精盐一同倒进打蛋桶中，用扇形搅拌器搅拌均匀。

2. 拌匀之后加入牛奶，拌匀静置 5 分钟。

3. 再加入过筛好的面粉，拌匀。

4. 将黄油加热成焦黄油，冷却至 17℃之后把花蜜加进去拌匀。

5. 取一部分的面糊与焦黄油混合物拌匀，再倒回到面糊中拌匀。

6. 将蛋白打至六成发，加入 15 克细砂糖，打成鹰嘴状，与黄油面糊拌匀即可。

7. 注入到模具中，入风炉以 170℃烘烤 12 分钟，中间需倒一次盘。

II 香料咖啡奶油

材料

牛奶	200 克
淡奶油	200 克
香草荚	1 根
香料面包粉	2 克
咖啡豆	50 克
蛋黄	60 克
细砂糖	10 克
吉利丁粉	3 克
吉瓦纳牛奶巧克力	100 克
黄油	75 克

制作

> 准备：吉利丁粉先用 15 克水浸泡。

1. 在牛奶和淡奶油中加入香草荚一起煮沸。

2. 将咖啡豆装进裱花袋，用熬汤锅砸碎，倒在一个小碗中，加入香料面包粉拌匀。

3. 在步骤 1 的材料中加入步骤 2 的材料，拌匀浸泡 10 分钟，泡好之后过滤到碗中，重新称量 250 克煮沸。

4. 将蛋黄和细砂糖混合拌匀，倒入 1/3 的步骤 3 的材料，再倒回锅中与其余的步骤 3 的材料拌匀，继续加热至 80~85℃。

5. 加入事先泡好的吉利丁粉，化开拌匀。

6. 牛奶巧克力微微加热一下，混合步骤 5 的材料，拌匀。

7. 冷却到 40℃时，加入软化好的黄油用手持料理棒打匀。

8. 倒进直径 3.5 厘米的圆球模具中。一个圆球模具中注入 10 克材料，送进速冻柜冻硬。

Tips:

加入软化的黄油，可以使成品的口感很顺滑很细腻。

Ⅲ 度思金黄巧克力慕斯

材料

细砂糖	50 克
牛奶	380 克
香草	1 根
蛋黄	75 克
吉利丁粉	9 克
度思金黄巧克力	240 克
淡奶油	400 克

制作

> 准备：吉利丁粉先用 45 克水浸泡。

1. 将牛奶和香草混合，放入锅中煮沸，过滤；将细砂糖加热做成焦糖，离火将煮好并过滤了的香草牛奶冲进去，边加边搅拌均匀，取 1/3 的材料与蛋黄混合均匀，然后再倒进锅中继续加热至 80℃。

2. 离火，加入泡好的吉利丁化开拌匀。

3. 将巧克力化开，分三次倒入步骤 2 的材料拌匀，再降温至 28℃。

4. 将淡奶油打至七成发，分次与步骤 3 的材料拌匀。

Ⅳ 度思金黄巧克力淋面

材料

纯净水	150 克
细砂糖	300 克
葡萄糖浆	300 克
炼乳	300 克
吉利丁粉	20 克
度思金黄巧克力	220 克
塔纳里瓦牛奶巧克力	80 克

制作

1. 将纯净水、细砂糖和葡萄糖浆一起煮至 105℃。

2. 加入炼乳搅拌均匀。

3. 离火，加入泡好的吉利丁粉化开，拌匀。

4. 倒入到两种巧克力的混合物中，用手持料理棒搅匀，贴面覆上保鲜膜，入冰箱冷藏一夜后使用。

Tips:

塔纳里瓦牛奶巧克力具有焦糖色，加入配方中，可帮助淋面上色。

组合

材料

铜粉　　　　　　适量
黑巧克力（液体）适量
扁桃仁碎　　　　适量
圆形巧克力插片　适量

 制作

1. 在模具中挤入度思金黄巧克力慕斯，至模具的五分满。

2. 香料咖啡奶油脱模，放置在模具里奶油的中间，轻轻地压一下。

3. 在模具中继续挤入慕斯至八分满。

4. 盖上榛子玛德琳饼底，用手轻轻地压一压。

5. 用小的抹刀将顶部多余出来的部分抹平，送进速冻柜冻硬。

6. 脱模到烤盘中，然后移到网架上。

7. 用冷藏好的巧克力淋面材料进行淋面。在淋面的时候浆料要迅速地倒下去，使淋面的浆料覆盖住整个蛋糕。

8. 等淋面凝结以后，用牙签插到顶部，带起蛋糕放在混合了铜粉的扁桃仁碎上，使底部蘸上一圈，放置在金底板上。

9. 在做好的圆形巧克力插片上刷上铜粉。

10. 再用细裱袋在上面淋上黑巧克力。

11. 取出顶部的牙签，再放上一颗香料咖啡奶油半球。

12. 顶部放上一片刚做好的巧克力插片就完成了。

Tips:

巧克力插片的直径最好比慕斯的直径小 0.5 厘米，这样才更美观。

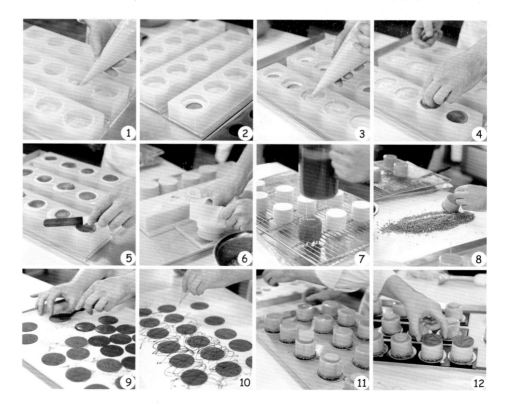

柑橘之味

Ⅰ 青柠热那亚饼底

材料

扁桃仁膏	800 克
全蛋	1100 克
低筋面粉	170 克
泡打粉	7 克
盐	7 克
黄油	295 克
青柠皮屑	2 个

制作

1. 将扁桃仁膏和全蛋混合（全蛋需分次加入）搅拌；加入青柠皮屑，用网状搅拌器快速搅拌。

2. 将黄油入锅，大火加热，煮至焦糖色起锅，加入步骤 1 的材料，混合搅拌均匀。

3. 加入过筛的盐、泡打粉、低筋面粉，混合搅拌均匀。

4. 倒入平底硅胶垫上，抹平后放入烤箱，以上下火 170℃ 烘烤 12 分钟。

   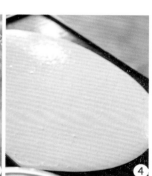

Ⅱ 橙子果酱

材料

水	1000 克
盐	3 克
橙子	3 个
橙汁	450 克
细砂糖	140 克
NH 果胶粉	2 克
葡萄糖浆	40 克
君度酒	15 克

制作

1. 将橙子切成小片；将水和盐入锅中煮沸，加入橙子片，煮大约 10 分钟；起锅，过筛，将橙子片备用。

2. 将橙汁放入锅中，加入葡萄糖浆，混合加热，再加入细砂糖和果胶粉的混合物，加热融合。

3. 将步骤 1 的材料倒入步骤 2 的材料中，搅拌均匀，离火，隔冰块冷却。

4. 倒入食品粉碎机中粉碎成泥状，加入君度酒拌匀，备用。

⚪Ⅲ 橙子烤布蕾

材料		
全脂牛奶	450 克
淡奶油	450 克
蛋黄	215 克
细砂糖	235 克
君度酒	45 克
橙皮屑	2 个
吉利丁片	14 克

制作

> 准备：吉利丁片用凉水浸泡。

1. 将全脂牛奶和淡奶油入锅中加热，加入橙皮屑，混合加热至沸腾。

2. 将蛋黄和细砂糖混合拌匀。

3. 分次将步骤1的材料倒入步骤2的材料中，混合加热后放入吉利丁片化开拌匀。

4. 加入君度酒混合搅拌，冷却后倒入平底硅胶垫上，抹平，放入急冻箱中冷冻成形。

⚪Ⅳ 西柚慕斯

材料		
西柚果蓉	1000 克
吉利丁片	32 克
细砂糖	280 克
蛋白	150 克
水	80 克
淡奶油	750 克
西柚皮屑	1 个

制作

> 准备：吉利丁片用凉水浸泡。

1. 将西柚果蓉入锅中，加入西柚皮屑，加热混合拌匀后，放入泡好的吉利丁片，化开融合。

2. 将细砂糖和水入锅加热至117℃。

3. 熬糖浆的同时，将蛋白放入搅拌桶中，用网状搅拌器打发至中性发泡；加入步骤2的材料，中速混合均匀。

4. 将淡奶油倒入搅拌桶中，打发至中性。

5. 将步骤3的材料分次与步骤1的材料混合均匀，再分次与打发的淡奶油混合均匀即可。

Ⓥ 组合

材料

君度糖浆	适量
白巧克力（化开）	适量
镜面果胶	适量
红心橙子	适量
巧克力装饰件	适量

制作

> 准备：君度糖浆是由糖浆与适量君度酒调配而成。

1. 将烤好的青柠热那亚饼底取出，冷却，用油纸覆盖在表面，翻过来，取下硅胶平底烤盘，放入急冻箱或冷冻箱中降温。

2. 用毛刷在饼底上刷一层君度糖浆，稍晾5分钟后，用油纸覆盖，翻过来后，刷一层化开的白巧克力，放入冷藏箱冻硬。

3. 用毛刷在饼底带有君度糖浆的一面抹一层橙子果酱。

4. 用慕斯不锈钢方形模压出饼底，表面抹一层西柚慕斯。

5. 覆盖一层橙子烤布蕾。

6. 再抹一层西柚慕斯，再覆盖一层青柠热那亚饼底。

7. 用剩余的西柚慕斯抹满整个不锈钢方形模，放入冷冻柜。

8. 取出，在甜点表面抹一层带有颜色的镜面果胶，用分割刀量好尺寸。

9. 切刀用火枪加热，切出大小相等的长条甜点，依次摆盘。

10. 将红心橙子去皮后，用刀挑出果肉，放在厨房纸上将水吸干。

11. 将圆形巧克力片依次分别摆放在甜点一角，将巧克力空心球依次分别摆放在甜点的另一角，将沥干水的红橙子肉装饰在甜点中间位置即可。

歌剧蛋糕

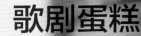

　　这是一款有相当长历史的法式蛋糕，在很早以前便可寻见它的踪迹，这种夹着坚果、酒味和糖液的多层蛋糕最初起源于中东，罗马人将它学会，在征战欧洲时将它带到欧洲，经过慢慢发展，产生了如今的歌剧院蛋糕。其中巧克力和咖啡虽然在16至17世纪就已传到欧洲，但将他们结合并用到食谱上却是在19世纪。

　　歌剧院的由来有很多种说法，但是比较可信的有两种。一种说法认为，此款甜点原先是法国的一家点心咖啡店研发出的人气甜点。因为超受欢迎，店址又位在歌剧院旁，所以将此甜点称为Opera，也就是我们所称呼的歌剧院。另一种说法认为，歌剧院蛋糕（Opera）由1890年开业的Dalloyau甜点店最先创制，由于形状正正方方，表面淋上一层薄薄的巧克力，就像歌剧院内的舞台，而饼面缀上的一片金箔，象征歌剧院里的加尼叶（原是巴黎著名歌剧院的名字），因此得名。

　　歌剧院蛋糕一般不会做类似围边之类的刻意装饰，方正、简约，从侧面就可看到它丰富的层次，对食客来说亦是一种感观上的享受，装饰多了，有可能会画蛇添足。

Ⅰ 杏仁蛋糕坯

材料

蛋白	3 个
蛋黄	3 个
细砂糖	600 克
低筋面粉	120 克
杏仁粉	120 克

制作

1. 取一半细砂糖与蛋白打发成鸡尾状备用。

2. 另一半细砂糖与蛋黄打发至黏稠状态。

3. 将蛋白混合物分 3 次与蛋黄混合物混合翻拌（不可画圈搅拌）均匀。

4. 将面粉筛入蛋糊中，翻拌均匀后倒入烤盘中。

5. 用抹刀抹平（厚度 1 毫米左右），入烤箱，以 170℃烘烤 10 分钟左右。

   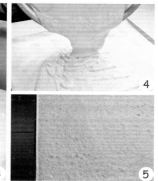

Ⅱ 黄油奶油

材料

蛋白	160 克
细砂糖	360 克
水	120 克
软黄油	1000 克

制作

1. 将水和细砂糖加热至 120℃。

2. 将蛋白搅打至发白，慢慢沿缸体边缘冲入步骤 1 的材料中，并高速搅拌至蛋白硬挺。

3. 趁蛋白还有余温时，将软黄油分 15 至 20 次加入其中，并一起搅打至顺滑即可。

Ⅲ 甘纳许

材料

57% 黑巧克力	500 克
淡奶油	400 克
葡萄糖浆	20 克

制作

1. 将淡奶油加热至 80℃，冲入黑巧克力中，搅拌至巧克力化开。
2. 加入葡萄糖浆，拌匀化开即可。

Ⅳ 咖啡糖水

材料

水	500 克
细砂糖	500 克
冰块	500 克
咖啡粉	50 克
咖啡酒	50 克

制作

1. 将水烧开，加入细砂糖搅拌化开。
2. 加入冰块使糖水迅速降温。
3. 将咖啡粉加入糖水中拌匀。
4. 最后加入咖啡酒拌匀即可。

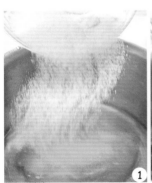
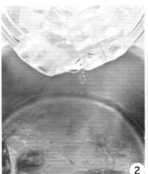

小贴士

加入冰块起到降低淡糖浓度和急速降温的作用，也可以用 1000 克水和 500 克细砂糖混合煮沸、待凉。

Ⓥ 巧克力淋面

材料

水	525 克
细砂糖	1050 克
葡萄糖浆	30 克
淡奶油	900 克
可可粉	375 克
吉利丁片	60 克

制作

> 准备：吉利丁片用凉水浸泡。

1. 将水与细砂糖加热至 103℃，倒入葡萄糖浆拌匀。

2. 加入淡奶油、可可粉，一起拌匀，继续加热至沸腾。

3. 离火，加入泡软的吉利丁片拌匀，过筛，贴面覆上保鲜膜隔夜使用。

Tips:

隔夜使用可以使淋面内部的气泡散到表面，覆在贴面的保鲜膜上，使淋面更加细腻。

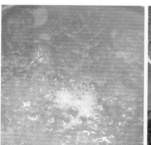

Ⅵ 组合

制作

1. 用手指将杏仁蛋糕坯表皮轻轻搓去，去除毛边分成 4 等份。

2. 用羊毛刷在蛋糕便面轻刷咖啡糖水。

3. 在蛋糕上抹一层黄油奶油（约 100 克）。

4. 然后再抹一层甘纳许（约 100 克），盖一层蛋糕坯，冷藏冻硬取出；继续重复，依次刷咖啡糖水、抹黄油奶油、抹甘纳许、盖一层蛋糕坯，重复两次后冷藏待硬取出；最后抹上一层甘纳许，凝固后，淋上一层巧克力淋面装饰即可。

小丑蛋糕

Ⅰ 戚风海绵饼底

材料	
蛋白	220 克
幼砂糖	150 克
盐	2 克
塔塔粉	2 克
蛋黄	150 克
幼砂糖	100 克
葵花籽油	90 克
水	60 克
橙子汁	60 克
低筋面粉	150 克
玉米淀粉	26 克
泡打粉	12 克

制作

1. 将蛋白和 150 克幼砂糖倒入打蛋桶中，慢速打发（分次加入幼砂糖），加入盐和塔塔粉，打至湿性发泡。

2. 将低筋面粉、玉米淀粉和泡打粉混合过筛。

3. 将 100 克幼砂糖、水和橙子汁一起混合搅拌，加入葵花籽油，搅拌均匀后加入蛋黄，继续搅拌均匀。

4. 将步骤 2 的材料倒入步骤 3 的材料中，先用打蛋球搅拌，然后再用橡皮刮刀搅拌均匀。

5. 将步骤 1 的材料全部倒入步骤 4 的材料中，用橡皮刮刀顺时针从底部抄起，拌匀。

6. 倒入铺有油纸的烤盘中，抹平，放入平炉中，以上火 185℃、下火 150℃烘烤 18 分钟。

7. 出炉，用直径 16 厘米的圈模压出圆形，用手轻轻将光滑一面的皮擦除。

Ⅱ 覆盆子奶油

材料

树莓果蓉	150 克
幼砂糖	30 克
玉米淀粉	18 克
奶油奶酪	375 克
幼砂糖	75 克
淡奶油	300 克
速冻覆盆子	200 克

制作

1. 将奶油奶酪用保鲜膜包好，放入微波炉里加热软化。

2. 将树莓果蓉和 75 克的幼砂糖混合，放入锅中加热。

3. 将少量步骤 2 的材料倒入玉米淀粉中，搅拌均匀后倒回锅中与其余的步骤 2 的材料混合均匀，一边加热一边搅拌，直至沸腾。

4. 将淡奶油中速打发至湿性发泡。

5. 将 30 克幼砂糖倒入量杯中，加入步骤 1 的材料和步骤 3 的材料，用手持料理棒搅拌均匀。

6. 倒入一个大盆中，加入打发淡奶油，用橡皮刮刀拌匀，装入带有圆形花嘴的裱花袋中，备用。

Ⅲ 香草奶油

材料

牛奶	500 克
香草荚	2 根
蛋黄	100 克
幼砂糖	110 克
低筋面粉	30 克
玉米淀粉	25 克
黄油	50 克

制作

1. 将牛奶和香草荚籽入锅，加热。

2. 将蛋黄和幼砂糖搅拌均匀，加入低筋面粉和玉米淀粉，搅拌均匀。

3. 将少量热牛奶倒入步骤 2 的材料中，拌匀，再与其余的热牛奶混合，继续加热，不断搅拌至沸腾。

4. 离火后，加入切成小块的黄油，搅拌均匀。

Ⅳ 玫瑰香草慕斯

材料

香草奶油	450 克
奶油奶酪	400 克
吉利丁粉	8 克
（用 40 克冷水浸泡）	
打发淡奶油	450 克
玫瑰精油	4 克

制作

1. 将提前泡好水的吉利丁倒入香草奶油中，搅拌均匀后倒入搅拌桶中。

2. 加入奶油奶酪，先搅拌一下，然后用网状搅拌器中速打发。

3. 倒入盆中，用手持料理机搅打均匀。

4. 在打发淡奶油中加入玫瑰精油，用橡皮刮刀拌匀。

5. 将步骤 4 的材料分次倒入步骤 3 的材料中，用橡皮刮刀拌匀。

    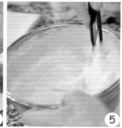

Ⅴ 红色镜面

材料

草莓果蓉	250 克
树莓果蓉	250 克
葡萄糖浆	250 克
幼砂糖	250 克
NH 果胶粉	15 克
玉米淀粉	10 克
吉利丁粉	20 克
（用 100 克冷水浸泡）	
红色色素	适量
中性镜面果胶	300 克

制作

1. 将草莓果蓉、树莓果蓉和葡萄糖浆一起混合，入锅中加热至 80℃左右。

2. 取少量倒入玉米淀粉中，搅拌均匀后，再倒回锅中继续加热。

3. 将幼砂糖和 NH 果胶粉混合均匀后倒入锅中，边倒边搅拌，继续加热至沸腾，加入适量的红色色素调节颜色。

4. 离火，加入中性镜面果胶，搅拌均匀，加入泡好的吉利丁粉，搅拌至融合。

5. 过筛，贴面覆上保鲜膜，隔冰块冷却。

Ⅵ 芝麻酥饼

材料

黄油	270 克
糖粉	105 克
扁桃仁粉	105 克
低筋面粉	185 克
黄油薄脆片	65 克
烤芝麻	100 克

制作

1. 将黄油、糖粉、扁桃仁粉和低筋面粉一起混合，搅拌成团。

2. 加入黄油薄脆片和烤芝麻一起拌匀。

3. 在桌面上撒手粉，将面团搓成条状，分成 4 块，擀成圆形（比慕斯圈模稍大）。入冰箱冷冻。成形后取出，用慕斯圈模刻出形状。放入平炉中，以上下火 170℃烘烤 16 分钟。

Ⅶ 组合

材料

速冻覆盆子	适量
黑巧克力围边	适量

制作

1. 用保鲜膜将直径 16 厘米的慕斯圈底部包好，放在铺有油纸的烤盘上，放入一层戚风海绵饼底，挤一层覆盆子奶油。

2. 将速冻覆盆子装入裱花袋中，用擀面棍将其敲碎。

3. 在覆盆子奶油上面铺一层速冻覆盆子碎，然后再铺一层戚风海绵饼底，用手压平后再挤一层覆盆子奶油，再铺一层速冻覆盆子碎，用抹刀将表面抹平。

4. 然后铺戚风海绵蛋糕饼底，速冻成形，脱模。

5. 用保鲜膜将直径 18 厘米的慕斯圈底部包好，倒入一层玫瑰香草慕斯至 1/3 高度。

6. 将步骤 4 的材料放入步骤 5 的材料中，用手稍微压一下，表面再抹一层薄薄的慕斯，放上一层芝麻油酥饼底，放进速冻冰箱。

7. 成形后，脱模，用刀稍微修一下上边缘，使淋面效果更好。

8. 将蛋糕体放在网架上，淋上红色镜面，用抹刀将顶部稍微抹平。

9. 将做好的蛋糕体转移到金底板上，摆放上巧克力配件即可。

附 巧克力围边制作方法

1. 取适量黑巧克力调温。

2. 准备一张 5 厘米宽的油纸和透明胶片纸，长度约为 50 厘米。

3. 在大理石操作台上喷脱模剂，将透明胶片纸贴在上面，固定好后倒上调好温的黑巧克力，用抹刀抹平。

4. 等巧克力稍微凝结，还是柔软状态的时候，盖上油纸，卷在 8 寸慕斯圈上，用胶带粘住。

5. 冷藏 5 分钟后取出，小心取下巧克力即可。

随想曲

❶ 柠檬白巧克力萨赫饼底

材料

黄油（软化）	250 克
杏仁粉	185 克
糖粉	85 克
全蛋	200 克
蛋黄	120 克
蛋白	180 克
幼砂糖	85 克
中筋面粉	165 克
白巧克力	250 克
糖渍柠檬	50 克

制作

> 准备：（45℃化开）

1. 将软化的黄油打发，加入杏仁粉和糖粉，搅拌至无颗粒状，加入全蛋和蛋黄，拌匀。

2. 加入中筋面粉和糖渍柠檬，拌匀。

3. 将蛋白和幼砂糖混合，打发成蛋白霜，分次与步骤 2 的材料混合，翻拌均匀。

4. 将白巧克力化开，调整温度至 45℃。

5. 取少量步骤 3 的材料与步骤 4 的材料拌匀，再与剩余的步骤 3 的材料继续搅拌均匀。倒入模具中，抹平，放入烤箱中，以 200℃烘烤至上色即可。

❷ 青柠糖浆

材料

水	100 克
幼砂糖	50 克
青柠果蓉	100 克

制作

1. 将水和幼砂糖混合，加入青柠果蓉，煮沸。

Ⅲ 巧克力奶油

材料

淡奶油	350 克
牛奶	50 克
葡萄糖浆	70 克
蛋黄	40 克
65% 考维曲黑巧克力	180 克

制作

1. 将淡奶油和牛奶放入锅中，煮沸；同时将葡萄糖浆和蛋黄搅拌均匀，倒入热奶中，继续加热并搅拌，至 85℃，加入 65% 考维曲黑巧克力，用手持料理棒搅拌均匀。
2. 倒入直径 16 厘米的圈模中，速冻。

Ⅳ 意式蛋白霜

材料

蛋白	200 克
幼砂糖	360 克
水	120 克

制作

1. 将蛋白与 40 克幼砂糖打发；将水和 320 克幼砂糖煮至 121℃，冲入打发蛋白中，搅打至中性发泡即呈鹰嘴状。

Ⅴ 黑加仑慕斯

材料

黑加仑果蓉	40 克
幼砂糖	100 克
吉士粉	20 克
黑加仑果蓉	400 克
可可脂粉末	165 克
意式蛋白霜	400 克
打发的淡奶油	1000 克

制作

1. 将幼砂糖和吉士粉拌匀，倒入 40 克的黑加仑果蓉中一起拌匀。
2. 将 400 克黑加仑果蓉加热，加入步骤 1 的材料，继续加热至沸腾（浓稠状）。
3. 加入可可脂粉末，搅拌均匀，用手持料理棒拌匀，冷却至 25℃。
4. 加入意式蛋白霜，拌匀，加入打发的淡奶油，搅拌均匀。

Ⅵ 淋面

材料

水	150 克
幼砂糖	300 克
葡萄糖浆	300 克
含糖炼乳	200 克
白巧克力	300 克
吉利丁粉	20 克
食用色素	2 克

制作

> 准备：将吉利丁粉用 100 克凉水浸泡。

1. 将水、幼砂糖、葡萄糖浆煮至103℃，倒入含糖炼乳，再加入白巧克力、吉利丁粉，加入所需的色素，混合搅拌，冷藏保存 24 小时，使用时重新加热至30℃。

Ⅶ 组合

材料

翻糖花	适量
巧克力装饰件	适量

制作

1. 将烤好的柠檬白巧克力萨赫饼底脱模，修边，在表面刷上青柠糖浆，放入慕斯圈模中。

2. 在蛋糕四周上，挤一层黑加仑慕斯，并用抹刀带起慕斯至铺满整个内壁。

3. 将冻好的巧克力奶油脱模后，放置在步骤 2 的材料的上面。

4. 在表面再挤一层黑加仑慕斯，抹平后冷冻，成形。

5. 用火枪脱模，放置在网架上，并用火枪将表面除霜。

6. 然后淋上一层淋面。

7. 移至甜点底托上，周围装饰上巧克力装饰件，表面装饰上翻糖花即可。

夏日清新

Ⅰ 开心果海绵蛋糕

材料

全蛋	415 克
幼砂糖	260 克
中筋面粉	260 克
黄油（化开）	30 克
开心果泥	50 克

制作

1. 将全蛋和幼砂糖隔水加热至 50℃，边搅拌边加热，然后倒入搅拌桶中，搅拌打发至温度降至 25℃。

2. 将化开的黄油和开心果泥混合均匀，与步骤 1 的材料混合，加入中筋面粉，用橡皮刮刀搅拌均匀。

3. 倒入烤盘中，抹平，入烤箱，以 180℃烘烤 10 分钟，出炉后用圆形压模压出形状。

Ⅱ 糖渍葡萄柚瓣

材料

水	500 克
幼砂糖	300 克
葡萄柚瓣	5 个
柑曼怡橙香力娇酒	40 克

制作

1. 将水和幼砂糖煮沸，稍微冷却一下，加入柑曼怡橙香力娇酒，倒入葡萄柚瓣中，覆上保鲜膜，浸渍 12 小时。

Ⅲ 蛋白霜

材料

蛋白	100 克
幼砂糖	180 克
水	60 克

制作

1. 将蛋白和 20 克幼砂糖打发；同时将水和 160 克幼砂糖煮至 121℃，冲入打发好的蛋白霜中，继续打发至硬性发泡状态。

Ⅳ 葡萄柚慕斯

材料

葡萄柚果蓉	220 克
吉士粉	10 克
幼砂糖	60 克
可可脂	70 克
葡萄柚皮屑	3 个
蛋白霜	200 克
打发淡奶油	500 克

制作

1. 将 200 克的葡萄柚果蓉和葡萄柚皮屑倒入锅中；将 20 克的葡萄柚果蓉与吉士粉、幼砂糖混合，倒入加热的果蓉中，加热搅拌，稍变浓稠后加入可可脂拌匀。

2. 冷却至 25℃，将打发淡奶油与蛋白霜拌匀，分两次与步骤 1 的材料拌匀。

Ⅴ 野草莓果泥

材料

野草莓果蓉	250 克
黄原胶	1 克
海藻酸盐	3 克
水	25 克
幼砂糖	25 克

制作

1. 将黄原胶、海藻酸盐、幼砂糖和水混合搅拌均匀。

2. 将野草莓果蓉稍微加热，倒入步骤 1 的材料中，稍微加热至 40℃，搅拌均匀。

3. 装入裱花袋中，挤入圆形模具中，放入冰箱中速冻。

Ⅵ 淋面

材料

水	150 克
幼砂糖	300 克
葡萄糖浆	300 克
含糖炼乳	200 克
白巧克力	300 克
吉利丁粉	20 克
粉色色淀	适量

制作

> 准备：吉利丁粉用 100 克凉水浸泡。

1. 将水、幼砂糖、葡萄糖浆煮至 103℃，加入含糖炼乳、白巧克力、泡好水的吉利丁粉，混合搅拌，加入所需颜色的色淀，搅拌均匀，覆上保鲜膜，冷藏保存 24 小时，使用时再加热至 30℃。

Ⅶ 组合

材料

白巧克力装饰件、拉糖糖丝　　　　适量

制作

1. 将葡萄柚慕斯挤少量至模具中，用勺背带起慕斯至铺满模具内壁。

2. 放入冻好的野草莓果泥后，再挤上一层葡萄柚慕斯。

3. 放上一层葡萄柚瓣，再放一层开心果海绵蛋糕底，轻轻地往下按压一下，抹去多余的慕斯，冷冻。

4. 成形后脱模，放置在烤架上，用火枪除霜后，淋面。

5. 将慕斯转移到甜点底托上，装饰上白巧克力装饰件和拉糖糖丝即可。

王森世界名厨学院

MAGIC ACADEMY WORLD

美食界的魔法学院

汇聚法、意、日
全球一流名厨师资，
培育国际高端西点职人

短期研修班
甜点/面包/巧克力/西餐/咖啡/翻糖

法式甜点研修班
一个月/三个月/六个月

地址：上海市静安区灵石路709号万灵谷花园A008
电话：021-66770255